U0376586

作者简介

李永红 女，1975年生，副教授，复旦大学哲学博士，现任教于浙江工业大学之江学院。主要研究领域为技术哲学、马克思主义哲学理论、"两课"教育。

赵洪武 男，1970年生，讲师，复旦大学哲学博士，现任教于潍坊医学院人文社科学院。主要研究领域为技术哲学、科学哲学与社会，特别关注中国传统科技与文化。

浙江工业大学2010年人文社科校基金重点项目：

技术认识与实践的当代价值研究

当代社会问题
研究文库

DANGDAI SHEHUI WENTI YANJIU WENKU

技术认识范畴研究

Studies on Basic Categories of Technological
Epistemology

李永红　赵洪武　著

中国书籍出版社
China Book Press

图书在版编目(CIP)数据

技术认识范畴研究/李永红,赵洪武著. —北京:
中国书籍出版社,2012.9

ISBN 978 - 7 - 5068 - 3058 - 4

Ⅰ.①技… Ⅱ.①李… ②赵… Ⅲ.①技术哲
学—研究 Ⅳ.①N02

中国版本图书馆 CIP 数据核字(2012)第 201903 号

责任编辑/ 于建平

责任印制/ 孙马飞 张智勇

封面设计/ 中联华文

出版发行/ 中国书籍出版社

地 址:北京市丰台区三路居路 97 号(邮编:100073)

电 话:(010)52257143(总编室) (010)52257153(发行部)

电子邮箱:chinabp@ vip. sina. com

经 销/全国新华书店

印 刷/北京彩虹伟业印刷有限公司

开 本/ 710 毫米×1000 毫米 1/16

印 张/ 12.5

字 数/ 225 千字

版 次/ 2015 年 9 月第 1 版第 2 次印刷

书 号/ ISBN 978 - 7 - 5068 - 3058 - 4

定 价/ 68.00 元

前 言

本著作对技术主体、技术客体、技术中介、技术问题、技术设计、技术发明、技术功效、技术解释、技术预测、技术评价、技术进化、技术理论等该领域内的特有范畴进行了分析。分别讨论了技术的技能观、手段观、知识观、应用观、实践观等内容,分析了技术产生与发展过程的认知特点,指明了技术知识的二重性,阐释了技术知识的特点、技术知识与科学知识的比较、技术知识的分类与整合、技术知识与标准化、技术知识的价值等问题。在对科学与技术、工程与技术之间比较研究的基础上,进一步分析了技术认识的本质。从古代、近现代再到当代,对技术与实践的关系进行了历史观照,梳理了马克思主义技术实践观、现象学技术实践观以及实用主义的技术实践观,在把握技术实践的哲学渊源与技术哲学的实践导向两条脉络的前提下,指出技术是实践性的知识体系。同时,对J. 杜威的"五步思维"模式、C. 米切姆的技术认识过程模式、J. Gero 设计的"情境 FBS 模式"、J. C. 皮特的"MT 模式"、P. 克罗斯的结构 - 功能认识模式等技术认识模式进行了论述,基本揭示出技术认识的演化发展过程。在此基础上,结合虚拟现实这一当代技术发展的新形式,从认识论角度,对虚拟现实技术的本质、发展过程、语义、类别、特征、研究现状,特别是其之于认识过程中主客体及中介的意义进行了系统性论述,对实在与虚拟实在进行了本质分析,分析了虚拟实践与技术实践的关系,并进一步论述了虚拟认识的思想渊源、基本原理、基本过程，分析指明了虚拟认识的本质、模式，探讨了认识的虚拟性、虚拟认识以及虚拟实在的认识论意义。最后，从范式、内容、方法、发展方向等方面纲要性地探究了技术认识论未来的发展趋向，也通过对技术认识论研究重要性及有限性的双向思考，指明了技术认识论在技术哲学研究中的应有地位。

作 者

目 录
CONTENTS

第一章 技术认识基础概念与研究模式

第一节 技术认识基础概念

技术认识论不仅要研究人类一般的认知规律在技术认识和技术实践中的具体表现，而且要研究技术认识论本身的特有范畴。技术活动是人类的一种高度复杂的认识活动，关于技术认识论本身的范畴，不同的认识阶段有着不同的范畴体系。技术实践、**技术知识**、是技术认识论不可或缺的重要范畴。本文有专门的篇章加以论述，有些范畴则在论文写作过程中多有体现，在此不再重复。除此以外，择其要者加以阐述。

一、技术理论

从理论的角度看，技术理论内容丰富。技术理论形成于工业革命时期，由于机器大工业"把巨大的自然力和自然科学并入生产过程"，使得生产过程"成了科学的应用"，从此出现了应用科学，如流体力学、材料力学、热力学等。技术理论的发展形式是技术创新。邦格在《作为应用科学的技术》一文中，论述了实体性的理论和操作性的理论两种技术理论。他认为，实体性理论基本上是科学理论在接近实际情况下的应用研究，如飞行理论就属于一种技术理论。而操作性理论，从一开始就与接近实际条件下的人和人机系统的操作问题有关，例如航线管理理论就属于为一种技术理论。实体性技术理论总是在科学理论之后产生，而操作性技术理论则产生于应用研究之中，并同实体性技术理论没有什么关系。[①]

从实践的角度看，人类的技术理论活动远远落后于人类的技术实践活动。就技术与社会关系来看，关于技术的哲学理论有"技术中性论"、"技术决定论"、"技术多重性论"、"技术中介论"等等。就哲学批判的功能来说，国外关于技术的理论，如德绍尔的第四王国理论、杜威的实用主义技术论、芒福德的技术文明论、海德格尔的存在技术观、法兰克福学派的批判理论、埃吕尔的技术系统论、科塔宾斯基的技术行动学、温纳的自主技术论、平奇的建构主义、伊德的实践技术论和芬伯格的技术批判理论，以及星野芳郎等的技术论等等，在国内都有介绍或研究，产生较大影响。例如米切姆关于"工程学的技术哲学"与"人文主义的技术哲学"的划分，对技术哲学的研究影响甚大。

二、技术解释

技术解释的模型和推理规则是什么？与此相应的技术预测的逻辑和技术检验的逻辑又是什么？关于这个问题，邦格说它是"技术哲学的中心问题"。

技术解释问题，属于技术认识论和方法论问题。关于这个问题的研究状况，陈昌曙教授在他的著作《技术哲学引论》中写道："至今不仅未见专著，专论文章也很少，技术方法论的基本内容和体

---

① ［德］M. 邦格：《作为应用科学的技术》，见邹珊刚主编：《技术与技术哲学》，知识出版社1987年版。

系结构尚未成为学界议题"。至于他的书,陈教授很谦虚地写道:"作为技术哲学引论,本应有专章来阐述'技术认识论和方法论',但终因缺乏积累不能如愿,只能在这一节里讲点关于技术方法论的意见。"①

技术解释与科学解释的不同在于,科学解释要解决的问题是认知理性的问题,而技术解释要解决的问题则是实践理性的问题。在张华夏与张志林的著作《技术解释研究》一书中,对技术解释问题分为技术行为的解释、技术规则的解释以及技术客体的解释。

技术行为的解释:科学只作事实判断,说明事实的情况是什么,它不做规范判断或规范陈述;科学哲学常用的 D. N. 解释模型。而技术目标、技术判断、技术规则、操作原理除了某些方面可以用事实陈述的形式表达之外,一般地都还要使用规范陈述来表达,以说明技术上应该怎样做,这就产生了一个技术推理的形式问题:技术问题的解决怎样使用实践推理来进行的问题。但提出一个技术方案,说明我们应该怎样做,当着我们要为它辩护时,我们常常援引其他技术规则,特别是要援引科学的定律和某部分的科学理论对之进行解释。这就发生了一个如果何用科学中的"是什么"来解释技术上"应怎做"的问题。而根据休谟定理,从"是"是不能推出"应该"的。所以,技术解释的解释,不是要说明行为的因果机制,而是要说明行为的目的——手段机制,它是一种论证,即实践推理论证的一种形式。如果将人的技术行为作一种描述陈述来表达,则技术行为的解释实质上是用意向的陈述、规范的陈述来解释人们的技术行为及其后果的事实陈述,即用"应然"解释"实然"。

技术规则的解释有因果解释或规律推理解释、功能类比解释、直指解释(deictic explanation)以及社会建构解释。科学的理论是分

---

① 陈昌曙:《技术哲学引论》,科学出版社 1999 年版。

析的和抽象的，而技术的实践则是综合的和具体的。科学中的因果规律，是在一个理想化的抽象理论模型中成立的，而一种技术规则的成效则是在综合的具体环境中实现的。即使在前提中补充一些辅助假说也不可能达到完全具体的地步，因为不可能将综合的具体环境条件完全写在这些辅助假说中并一一加以检验。因此，相应的因果规律是相应的技术规则的基础，自然因果关系是技术规则的规范关系的基础与依据。

技术客体的解释即指由人们的技术行为的结果所造成的人工事物、人工过程、人工组织的结构与功能的解释。结构是从内部的组成和关系上来认识客体或系统，功能是从外部的关系与作用来认识客体或系统。当技术工作者们发现和设计出某种人工客体来实现所需要的功能时，他们必须解释这种人工客体何以能够实现特定功能，要说明这个问题就是技术功能的结构解释问题。而从该人工客体对于达到人的实践需要或愿望所具有的功能看人工客体，即从外部解释人工客体，这种解释就是将该人工客体看作是一个黑箱，不必论及它的组成与结构，是对某种技术人工客体的功能解释。

三、技术规则

什么是规则？根据邦格的说法，"规则是对行动的方式的规定，它说明要实现预定的目标应当如何做。更明确地说，规则就是一种要求按一定程序采取一系列行动以达到既定目标的说明。"邦格认为规则一共有四种：第一种是行为规则（社会的、道德的和法律的规范）；第二种是前科学规划（艺术、手工艺和传统生产的经验规划）；第三种是符号规则（句法和语意的规则）；第四种是科学和技术规则（活动的规则）。所谓科学和技术规则，邦格说，"是总结纯粹科学和应用科学中的具体方法（如随机抽样方法）和先进的现代生产的具体技术（如红外线焊接）的规范"。

邦格也指出了科学定律和技术规则的四点不同：第一，规则与定律不同，它既不真也不假，但可是有效的或者无效的；第二，一条定律可以与一条以上的规则相容；第三，定律正确并不能保证有关的规则有效，前者只适用于日常实践中碰不到的理想状况；第四，虽然有了定律我们可以制定出相应的规则，但是给定一条规则，我们无法找出它蕴涵的定律。他认为，将定律转换成技术规则是可行的，但反过来则不行，即技术规则不能转换成科学定律。"成功并不能使我们从规则推导出定律"，"没有哪一组规则能向人们提示一个正确的理论"；"而从真理到成功的道路数量有限，因此是可行的。"

邦格虽然正确地指出科学定律与技术规则的区别，但他所说的定律可以转换成技术规则从而促进技术进步，而技术规则的成功不能提示新的定律，则过于极端。正如前文所说的，技术的发展不是如邦格所认为的，是科学的完全应用或科学命题的逻辑变换，而是一个自主的同样需要创造性的过程。科学则不过是促进它发展的一个因素而已。同时，成功的技术规则同样有助于科学命题的得出，因为定律的得出是人们根据有成效的实践（包括技术实践）上总结出来的，从实践到理论虽是跳跃的发展，但这并不是非理性的一跃，其中是含有理性（逻辑）成分的，所以，技术的成功同样能够在某种程度上转换成科学定律。

汤德尔说："为了说明技术的概念，还要注意它的下述重要特征，它是因果性概念为前提的。……技术始终是因果网络的某种综合，人为了得到某种预想的结果就要进行这种综合。"[①] 汤德尔认为，自然所发生的变化，可以理解为因果的网络。他认为，人能够创造新的因果网络，此时，人类是在创造一个新的自然界。

---

① 邹珊刚主编：《技术与技术哲学》，知识出版社 1987 年版。

四、技术问题

从认识论的观点来看，技术发展是一个解题活动，它肇始于技术问题。所谓技术问题，是指工程技术人员所认为的那些他们可以通过技术手段加以解决的问题。

劳丹（Laudan）区分了技术问题的五个来源：一是直接由环境给定而且尚未被任何技术解决过的问题；二是现有技术的功能失常（Functional Failure）；三是从过去的技术成功进行的外推（Extrapolation）；四是特定时期相关技术之间的不匹配带来的问题；五是被其他知识系统（如科学）预见到的潜在的假设性反常（Presumptive Anomaly）。"正像科学中认识的变化是科学共同体成员解决问题活动的产物一样，技术中认识的变化也是技术共同体成员有目的地解决问题的结果。""技术的变化与进步是通过技术问题的选择和解决，继而通过竞争的解决办法之间的抉择来实现。"①

与科学问题、知识问题和理论问题不同，技术问题不是产生于理论的内部矛盾和理论与经验之间的矛盾，而是产生于人类实际的需要，特别是衣、食、住、行等物质需要与当前条件不能满足这种需要的矛盾，要求使用工艺、材料、能源、信息等方面的技术手段来加以解决。什么是技术问题，它的定义和要素；它的产生、发展和意义；它的分类和识别；什么是真技术问题，什么是假技术问题，什么是新技术问题，什么是老技术问题，什么是可行性技术问题，什么是不可行技术问题，技术问题与经济问题、社会问题或政治问题的区别与联系等已经进入我们的视野。比耶克认为，所有这些问题，都可以归结为社会——技术系统或行动者网络（Actor - Net-

---

① ［美］R. 劳丹：《技术和科学中认识的变化》，载《自然科学哲学问题丛刊》，1989 年第 4 期。

works）中诸要素之间的不匹配，即：现有技术与技术之间、现有技术装置与新的工作环境之间、现有技术与人的现实需求之间以及现有技术与人类梦想之间的不匹配，等等。可以说，技术问题的界定本身就是一个翻译过程、说服过程和权力过程，它并非技术专家们的专利，而是政治家、企业家、客户等利益相关者共同介入的产物。

技术问题还可以理解为技术的问题（Problem of Technology）。此时的技术本身成了"问题"，人们不把技术作为理所当然的存在物，而是将技术作为一个需要加以审视的对象，试图打开这个黑箱，反思技术发展的前提和后果，或者高扬技术的力量，或者质疑技术的价值，这意味着，哲学家们就工作在技术问题/技术的问题的边界线上。

为此，王大洲等人，区分了三类技术问题：一是工具性技术问题。要解决它们，只是技术人员的事情。对哲学家、政府人士和普通公众来说，尽可以将这些问题的解决看作黑箱，不必把它打开，也可不置一词。二是建构性技术问题。解决它们，则是技术人员、企业家、哲学家、政府官员和普通公众共同的事情，因为其间存在着社会争议。这时，打开黑箱就成为了必要。三是否定性技术问题。解决它们，已经主要是哲学家们的事情了，他们旨在打破集体无意识，建议扔掉技术黑箱，发展完全不同的替代技术。

哲学家们也许会说，技术引发的问题之根源不在于技术本身，而在于人性和社会。在《关于技术的问题》（1953）一书中，海德格尔使用"技术问题"概念，对"技术问题"进行思辨性追问，任何对技术哲学历史的或批判的考察都不可能承受起对海德格尔的忽视。就此而言，哲学家没有必要特地引起发明家和工程师对技术哲学的关切，就像发明家和工程师们没有必要引起技术哲学家们对工程问题的关切一样。这样看来，技术恰好不是问题，问题不在技术，解决它，似乎主要是哲学家们的事，而不是发明家和工程师们的职责。技术问题的确立和求解，本来就意味着一种对话、磋商乃至冲突、斗争。因此，并不存在"纯粹的技术问题"。其实，"纯粹"本身就是一种社会建构，是由社会群体对问题的"技术性"不加质疑将其看作一个黑箱，任凭技术人员去处理与选择而造成的。但在特定场景下，原初被看作理所当然的"技术问题"就可能失去自明性，"外人"便开始试图打开黑箱，参与到技术的建构当中。这时，技术问题的纯粹性就消失了。失去了纯粹性，技术理性也就没有了藏身之地。技术问题的选择、解决和评价都包含着审美动机、文化关怀和单纯的乐趣——这些也是技术发明的驱动力之一。因此，技术发展并非完全是功利主义和纯粹理性的产物，而这一点，恰好是技术哲学家有可能干预技术发展进程的基本前提。

　　五、技术预测

　　技术预测的逻辑是技术方法论的一个重大理论问题。邦格甚至认为它是"技术哲学的中心问题"。[①] 特别是随着世界经济全球化发展趋势的加剧，竞争也越来越激烈，为了更加合理地利用和配置各种资源，不仅需要了解当前的情况，更要把握未来。因此对需求、未来发展和趋势进行可靠的技术预测具有越来越重要的意义。

　　预测是指对研究对象的未来状态进行估计和推测。预测的功能在于为计划和决策提供依据，预测的最大价值在于应用。技术预测是在已掌握的信息基础上，在充分分析了技术进步的趋势之后，服务于总体战略目标实现的条件下进行的。技术预测实际上包括了预见和选择两个紧密相关的环节，即对技术的未来状态进行预测，进而选择恰当的技术战略两个方面。英国学者阿恩菲尔德

---

① M. Bunge. Philosophy of Science [J]. Vol. Ⅱ. Berlin. Heilelberg. New York Springer. 1998：147

（R. V. Arnfield）认为，技术预测应包括"定时、定性、定量和概率估计"四个要素，即：（1）通过技术预测，预计实现该技术的未来日期；（2）预测对象发展的具体途径和范围，如技术途径、技术方案；（3）对预测技术的定量分析，尤其是关键功能参数的定量分析；（4）对预测技术发生的可能性进行全面评估。

在预测方法方面，包括直接性的预测法，有德尔菲法、新德尔菲法、布雷恩·斯托姆（BS）法、科学小说法，逻辑性的预测法，包括有趋势延伸法、类推法、仿真方法、形态学方法、规范性的预测法，包括矩阵法、关联树法，以外还有系统分析法、系统动态法、PERT法，即一些以费用（成本）和效益作为尺度进行选择的方法等待，这里不做详细介绍。技术预测是一个动态的过程，这既是由技术预测本身决定的，也是由技术预测所处的环境决定的。对于技术预测本身来讲，它有不同的预测方法，而且预测技术也是不断完善和发展的；而从技术预测所处的环境来讲，技术预测的输入变量是不断变化的，具有很大的不确定性。技术预测的准确性取决于知识的收集和融合以及信息沟通。技术预测的方法不是一成不变的。随着外部条件的变化，技术预测方法也要不断地完善发展。新的信息通讯技术为扩大技术预测的调查对象和缩短技术预测的时间创造了条件，与调查对象的信息沟通方式也会多样化。因此技术预测将会更加科学合理，预测的准确性将不断提高。

要特别注意技术预测与技术预见的不同。一般认为，所谓技术预测就是根据社会与经济发展的目标的设定，预测那些在国民经济发展中必须解决的技术和科学技术问题。而所谓技术预见则是要对未来较长时期内的科学、技术、经济和社会发展进行系统研究，其目标是要确定具有战略性的研究领域，以及选择那些对经济和社会利益具有最大化贡献的通用技术。技术预见按地域范围可以区分为宏观层次的国家或跨国、国际性技术预见，中观层次的区域或区域群技术预见，微观层次的园区或产业群技术预见；按涉及领域层次可以区分为综合性的技术预见，专业或行业性技术预测以及企业或专题型技术预见等；按照预见深度可以区分为长期（20－30年）、中期（7－15年）和短期（3－5年）技术预见三种；按照发展层次可以区分为第一代技术预见（只考虑技术内在推动力的技术预测），第二代技术预见（加入了市场因素的关注），第三代技术预见（将整个社会纳入了考察范围）。

六、技术评价

对技术的评价，既有对技术事先的评价，就是通常意义上的"技术的可行性分析"或技术后果的预测，也有对技术出现并产生效果后的"后果评价"，是技术决策中的反馈活动。技术评价（效率、安全、经济与环境效益等）技术评价有着与科学理论评价很不相同的指标体系、方法步骤与论证方式。对技术的评价性认识实际成为技术认知建构活动中的一个不可分割的组成部分。

今天对技术的评价，已经越来越不仅限于技术的物性功能和经济效益，而是更加关注其人性效果，将伦理道德标准作为衡量技术可行性的重要维度之一，一旦技术的道德伦理问题成为了公众的话题，就会强烈地影响技术的发展，如对克隆技术、尤其是能否克隆人的问题一度引起了公众和专家的激烈争论，而焦点就是其中的道德伦理问题，一个直接的后果就是绝大多数国家的政府做出了禁止克隆人的明确限制，尽管有的限制只限于一定的时间和空间范围内。违背现行道德伦理标准的技术通常会被法律所禁止，对明显违反人伦道德的技术，其反对性的社会评价甚至可以成为彻底禁止该项技术的法令，使其即使从技术上是可行的，也是人性上不允许的。这样，即使在构想技术时，也要将社会的容纳性设计于其中。这表明切合实际的伦理评价和伦理制约对技术的发展是一个十分重要的维度。

显然，同样的技术在不同的国家得到不同的评价，从而遭到不同的境遇、形成不同的发展状况，这是与道德和其他人文社会因素相关的，技术评价是对技术的价值衡量和判断，它是技术发展的认识性关怀性产物，既反映了技术的实际社会效应，也包含了社会传统、文化的积淀，显然包含了对技术的经济效益、社会后果、环境影响、文化认同等方面的分析，不是一个纯粹的技术可能性的分析，是一种社会建构性的分析：并且从不同的视角形成不同标准下的评价，如物性标准、人性（人文）标准和政治标准等。

七、技术设计

设计是要说明如何构造一个尚未出现的人工客体，是技术认识论的中心概念之一。设计不同于假说，假说被提出来是要说明一种已经现实存在的现象，而设计是要说明如何构造一个尚未存在的人工客体。有人认为，技术设计由两个部分所组成，一个是"操作原理"，它说明某个装置是怎样工作的，某个装置的各组成部分怎样组合起来实现它的有效性功能。另一个是"具体型构"，说明那一种装置的形状、结构与组织形式，才能实现所预想的操作原理，达到工程的目标、任务和指标。操作原理与具体型构是工程知识与科学知识区分的最主要、最明显的标志之一。

技术设计是人对于具体技术客体的观念建构，是技术决策活动中的微观部分。拉普提出，精确度与耐久性都是技术范畴，是技术的常量，是技术进步的尺度。而美观和舒适，在一定意义上是技术的变量，对设计对象的影响越来越大。并且，美观与实用日益变成技术产品的本质成分，更增加了分析问题的难度。技术设计是人对于具体的技术客体的观念建构，是技术决策活动中的微观部分。设计可分为还没有具体发明前的设计和有了发明后的设计，前者就是广义的发明，后者是将发明变为具体技术产品的中介。无论哪一种含义，设计都是将技术任务加以具体化、细节化、可操作化。而在这个过程中，社会建构同样起着不可缺少的作用。如在发明时，就发生着发明家的技术知识和使用者需求愿望的共同建构。成功的技术创新，既不是单纯技术逻辑运作的结果，也不是单纯的使用需求的产物，而是两者的对接。在技术设计的建构过程中发生着如同皮亚杰所说的顺应和同化的作用。设计者沿着两个方向进行顺应和同化：技术逻辑和用户需求，使技术上的可能和用户的需求相互纳入。它们在设计过程中相互调整。设计者头脑中的技术蓝图对用户的需求信息既可以进行同化，也可以进行顺应。就是，当用户对产品不认可时，是改造用户，还是改变设计者的设计？由此将设计者分为同化为主的设计者和顺应为主的设计者。技术主导型是同化为主的设计者，而市场主导型是顺应为主的设计者。后者显然是社会建构的作用占据了主导地位，而前者也同样包含着社会的建构。

以技术创新为终点的技术设计，其设计的出发点必须是用户的需求，脱离用户需求的技术设计只能是一种以样品为终点的设计，不能变为现实的技术，不能形成技术创新。此时用户也是广义的设计者。创新的目标和结果本身也支配着和反馈到设计中：不具有商业应用价值的技术设计被排除，用户的真实需求和潜在需求不断被更深入地认识，实践的结果不断调节技术的设计。进一步，在从设计走向创新的过程（即从认识走向实践的第二次飞跃）中，社会的经济、政治、文化等因素都在发挥作用，是技术的社会建构过程。技术的逻辑是受社会因素干扰的，纯技术的逻辑即使存在也是不会单独发挥作用的，它永远是在具体的社会形式中体现出来的，使得不同的社会有着不同的技术路经，如当前我国的"信息化带动工业化"就成为由中国社会特征所决定的一种技术路经。由此说明技术的产生、存在、特征、价值和发展的路经是受社会作用和制约的，任何现实的社会中被设计出来的技术，都是技术的逻辑空间和社会的需求空间的交集，是社会的因素将技术的质料组合为既包含技术逻辑也包含社会需求的具体的技术，一种"社会中的技术"。

美国弗吉尼亚技术学院的皮特研究了工程和建筑中的成功的设计问题。他指出，设计在建筑学和工程学都处于核心地位。然而，影响建筑师和设计师的设计决定和设计结果的因素不太相同。对于工程师来说，人工制品或一个系统的设计主要是寻求效率和实用原则。对于建筑师来说，则是功能和美学的原则，美学有时弃去物体的能力而表现其功能。这些不同提出了一个问题，即如何建立一个成功的设计。尽管关于建筑的设计比工程设计在受欢迎的想象方面显得更突出，在建筑学中如何形成成功的设计却是一个令人困扰的问题。如果不采用工程学中"设计"的含义，而采用建筑学中"设计"，那么建立评估设计成功的标准就是一个困难的问题。作者进而探究了用两种不同的方法理解"成功"的意义，一种从工程师角度，另一种从建筑师角度对创造力理解的不同，提出当一个人不得不在限制里面操作的时候，才会发现创造力的真正标志，这意味着对于创造力的理解与其求助于艺术家和建筑师，不如期待工程师。

八、技术发明

发明有它的方法论，发明一个新装置、新技术、除了需要天才灵感与机遇之外，还有怎样的方法与程序呢？它的条件又是什么呢？有关这个技术创新的热门话题，虽然已经出了成百上千本这样的书，但现在到了应该纳入技术认识论的体系中进行研究的时候了，波普尔（K. R. Popper）写过一本《科学发现的逻辑》，而《技术发明的逻辑》一书尚未有人写出来。

德绍尔通过考察技术发明来揭示技术的本质。首先，他探讨了发明的动机，他承认经济利益追求利润、追求权力，曾经是、现在也是发明的原因。但是"贫困、危险、向往自由、向往从动物一般的生活条件中解放出来，追求远、宽、高，克服空间与时间造成的距离，追求温暖、舒适、光明、认识、美好，这一切对发明来说所起到的作用，至少与追求权力与利润一样大。"① 德绍尔区分了开创性发明与开发性发明。他认为，开创性发明依赖于技术理念，往往有明确的标志和惊人的因素，并能够导致一个新的时代。开发性发明依赖于技术科学，首创性特点往往没有那么突出，令人意外的因素也少得多。大多数的发明属于后者。

德绍尔认为，技术发明的本质并不是人类的真正创造，人类所能做的只不过是将已存在的可能变为现实，或者说寻找一种已存在的解决办法。也就是说，我们只能对自然物进行物理描写，却无法知道其本质，即康德所说的无法认知的"物自体"。技术发明活动有三个要素：人（发明者）、技术理念、产品（发明成果）。首先发明者进行构思，发现技术理念；然后实现理念的具体实现，将理念变为现实的技术产品。德绍尔通过他的独特的技术发明的思想，将一贯被知识界和哲学界认为是卑贱的工作的技术，提高到了形而上学的最高峰——与物自体相遇。这样，就从康德三大王国延伸出来第四王国即技术王国。第四王国就是一个可能的领域或先验的技术王国，在这个王国内可以找到技术的可能形式。德绍尔指出："第四王国是指全部已存的解决方案形成的总和。这些方案的形成不是由人创造出来的，而是在发明过程中获得的。"②

---

① Friedrich Dessauer. Streit um die Technik［M］. Frankfurt：Verlag Josef Knecht. 1956：150 - 151.

② Friedrich Dessauer. Streit um die Technik［M］. Frankfurt：Verlag Josef Knecht. 1956：159.

俄罗斯的技术哲学家恩格迈尔（P. K. Englemeier）在技术认识论中把效用——意志——技术和创造活动——生活建设——人的本质紧密结合起来，他认为，技术的认识论基础就是发明创造和技术创新的心理过程，也就是创造心理学。E·舒尔曼（Egbert Schuurman）指出："发明的连续性受到创造性想象和理论反思及公式化之间的不断的相互作用影响。不过，在发明的意向性构形中，发明抛弃这种相互作用于关键时刻，而以一种无与伦比的、不可预见的方式进入到创造性想象中的新的技术实体的轨道中。发明开始了一个非连续性的发展过程。"① 他还说，"发明的确是建立在人的自由之上的一种不可分析的行为。心理学认为，作为个人自由表现的发现可以通过特定的教育，通过'大脑开发'，通过有利于宽容的批评的习惯性行为来推动。与之完全相符合的是发明者的以下特点：灵活的思维方式、活力、年轻、思索性头脑、对已知事物的新见解力、因而与传统答案的偏离、高度的直觉力、精益求精的趋向、内省力、与勇气伴随的高度智慧力、不合于众。所有这些特点都是发明的条件。在根本上，发明是神秘的。"② 这段话不仅说明了"内心构想"的"内涵"，同时也表明"技术发现"并非如通常所认为的那样仅仅倚重实践和经验，而且同样需要高度灵活丰富的想象。

周昌忠先生从现象学存有论观点去揭示技术作为人的在世方式的形而上学本质和地位，并从认识论和方法论的层面去探究与把握其哲学本质，从认识论层面上表明技术发明实际上也是一种发现的活动。他说，所谓"科学发现"，缘于科学知识是对自然实在的认识。德绍尔提出技术创造固然要同自然规律相符合，且服从人的目

---

① ［荷兰］E·舒尔曼：《科技文明与人类未来——在哲学深层的挑战》，东方出版社1995年版。
② ［荷兰］E·舒尔曼：《科技文明与人类未来——在哲学深层的挑战》，东方出版社1995年版。

的，但这些只是必要条件，却不充分。因此，技术创造和发明同样是对这个对象世界的"发现"，"技术发明"实际上也是一种"发现"。①

九、技术功效

技术功效指的是一种技术的有效性。有效性之于技术认识论相当于真理在科学认识中具有的那种地位。科学追求的是真理，技术并不追求真理而是追求有效性。技术所求的有效性产生了安全、实用、经济、耐久、可靠、高效、简便、美观、环保等一系列评价技术和发明的指标，成为一种技术是否成功的标志。于是技术有效性的范畴含义是什么，它是如何测量的，单有主观效用这个偏好（preference）的概念是否能说明技术的有效用性，它是如何组成、如何确定、如何分类的，它在技术客体的功能概念又有何关系呢，它在技术发展和技术进步中以及人类文明中起了什么作用等问题都是技术功效应该考虑的问题。这种有效性也是辨别"技术规则"或"操作原理"是有效还是无效的标准。

技术所要完成的主要任务是生产现实可用的人造物，而不是提供理论解释，这是技术与科学的显著区别。前者是科学定律，后者是技术规则。即判断科学命题的标准是真理性，即科学命题存在真假，判断技术规则的尺度是有效性，也就是说，技术规则能否达到或者在何种程度上达到预定效果构成判断技术规则的标准。这正如邦格所说："定律有正确程度的区别，而规则只有有效程度之分"。因为这个区别，技术和自然科学在诸多方面表现出不同，对此，沙里敏（A. Sarlemin）和克罗斯说：首先，技术原则可能建立在理论

----

① 周昌忠：《技术的哲学本质》，载《自然辩证法研究》，2001 年第 11 期。

上，但这不是必然的，技术原则和构造甚至可能建立在错误的理论
上。其次，对理论人员来说，最重要的是理论的普遍真理性或可应
用性，他一般不接受有大量反例的理论。对技术人员来说，他的原
则的普遍有效性不是紧迫的问题，即使一个技术原则具有十分有限
的应用范围，如果他用起来成效，他会继续使用它。再次，理论构
建和技术中所得结果和期望结果间的干扰和误差起着不同的作用。
基于理论的预测不完全证实时，人们将求助于某些特殊因素所引起
的干扰或偏差来解释误差，此时人们仍然会认为理论为测量结果所
满意确证。相反，技术中，从机器设定的操作中产生的干扰和误差
被认为是至关重要的，它们通常促使人们对该设计或结构进行构
造。① 这里所说的技术原则可以认为是技术或技术理论。

邦格强调，行为、劳动符号的许多规则是约定俗成的，对于他
们，没有"一组能说明其有效性的定律与公式为基础"，因而是无根
据的，而现代技术是有其科学根据的。邦格指出，现代技术的产生
是由找出经验规则的科学依据，以及将科学定律转换成技术规则这
两种活动的结果。邦格分析了科学定律和技术规则的区别。他认为，
正如纯粹科学集中研究客观世界的模式或规律那样，以行动为目标
的研究在于建立成功的人类行为的稳定规范，也就是应用科学的有
根据的规则。他强调，对规则的研究是技术哲学的中心问题。"与说
明可能事件的定律公式相反，规则是行动的规范。定律的适用范围
为包括规则规定者在内的整个现实世界；而规则可对人类有效。只
有人才能遵守或违反规则。定律是描述性和解释性的，而规则则是
规范性的。所以定律有正确程度的区别，而规则只有有效程度
之分。"

---

① Andres Sarlemin and Peter A. Kroes: Technological Analogies and Their Logical Nature. in Tech-
nology and Contemporary Life ［J］. Paul T. Durbin （ed.）. D. Reidel Publishing Compa-
ny. 1988：246 – 247.

技术操作原理是一个从纯粹技术意义上判定技术客体成功与失败的标准。如果一个技术客体能够根据它的操作原理工作得很好，它就能够说是一种成功；如果一个技术客体的东西损坏了或出错了，以使操作原理不能实现，它就应该说是一个失败。另外，操作原理事实上也是对一种技术客体的定义。技术原理是技术知识的重要表现形式，技术客体的操作原理一旦被构思出来，各种科学知识就可以用以分析它们，并帮助设计它们。但"对作为一个物体的机器的全面的知识，并不告诉我们它作为机器是什么东西。"因此，检验技术操作原理的仍然是技术功效。

十、技术进化

作为一个范畴，技术进化涵盖了认识论和价值论两个维度。"技术进化"这个概念包括了技术环境、技术的进化方向、技术发展的积累性和阶段性、技术进化的多样性和差异性、技术进化的选择、技术进化的不确定性和可预测性等理论要素，而它们正是关于技术发展的重要问题，因而"技术进化"能够比较全面地说明技术发展的相关规定性。

技术进化论表明技术有不同的演化方向。技术的演化不仅仅指技术的进步，还包括技术的退化及技术发展的停滞。人们往往更关注技术的创新，对技术的停滞和退化关注不多。技术退化是指技术水平的倒退，包括技术所依赖的原理的低级化、技术操作效率的降低、部分或全部的技术系统功能的降低甚至消失等方面。技术的发展停滞是指技术发展停留在某一水平上，不再前进，或者说技术进化的速度极其缓慢。技术退化指蕴含在技术中的信息的丢失，技术停滞则指在很长的时期内技术中的信息缺乏变化或变化极小。

"技术进化"表明技术是"过程",技术是累积式发展的,它是一个连续的过程,同时,这并不否认技术的发展会呈现出明显的阶段性。技术进化具有多样性;技术进化是不确定的,又可以在一定程度上预测;技术进化是连续进行的,但也表现出突变的特征;技术进化并不意味着技术是有机体。对技术进化的这种理解揭示了它的工程传统蕴含,能对技术实践(如中国的技术发展史和当今企业的技术行为)的解释提供一个哲学前提。

技术进化作为一个范畴,在技术哲学中获得了合理的地位。它是研究技术变迁的逻辑起点,对技术进化的考察,有齐曼(J. Ziman)、海德格尔、斯蒂格勒(B. Stiegler)等人。技术存在于多要素相互作用的过程中,是一种过程存在。我们谈论技术时,总是针对技术具体的进化过程中的技术,过程是技术的本质和属性所在:即技术是无形技术与有形技术、潜在技术与现实技术在动态过程中的统一;技术是软件与硬件在动态过程中的统一;技术是经验、知识、能力与物质手段在动态过程中的统一;技术是目的与手段统一[①]。我们同时还认为技术是各种自然要素和社会要素的动态统一;技术的过程是部分的决定性与总体的非决定性的动态统一。

第二节 技术认识模式

技术与科学既相互联系又相互区别。技术认识与科学认识之间也有着本质的区别与联系。科学认识活动不仅发现新的科学事实,而且深入事物的深层结构,揭示事物的内在规律性,在科学不断

[①] 远德玉:《技术过程论的再思考》,载《技术与哲学研究》,辽宁人民出版社2004年版。

的发展过程中，形成了相对稳定而成熟的认识模式。科学发现过程主要有亚里士多德的归纳－演绎主义模式、F·培根的归纳主义模式、R·笛卡尔的演绎主义发现模式、假说－演绎模式、逆推（溯因）模式、反映理论发现真实情况的逻辑－超逻辑发现模式。①

　　技术认识模式的研究是技术认识论的题中应有之义。与科学认识模式不同，技术认识模式有它自身的特点。技术的历史虽然久远，但由于技术的实践性特征决定了人类的技术实践活动往往早于技术认识活动，对于技术认识以及技术认识模式的研究是近年来才受到学界的重视。陈其荣教授在新作《当代科学技术哲学导论》中，集中阐述和评价了 J. 杜威的"五步思维"模式、C. 米切姆的技术认识过程模式、M. 邦格的技术研究的周期图式、J. C. 皮特的"MT 模式"，为后来的研究者提供了很好的思路与方法。笔者在对技术认识的进一步梳理过程中，认为除上述几种代表性的模式外，还有陈文化等的"技术认识过程及其运行模式"、J. Gero 设计的"情境 FBS模式"、P. 克罗斯的结构－功能认识模式以及现代技术认识的动态反馈模式等也值得加以讨论。

一、国内学者提出的技术认识模式研究 ②

　　我国学者陈文化等人长期研究认识模式，并取得了有一定价值的成果。他们通过对皮特的技术认识论模式的分析批判，认为皮特的"技术认识论"及其"人类打算怎样活动的模式"存在着严重的缺陷。主要表现在以下几个方面：第一，概念模糊造成逻辑上的混乱。第二，皮特将"人的活动"或实践仅仅局限于物质产品的批量

---

　　① 陈其荣：《当代科学技术哲学导论》，复旦大学出版社 2006 年版。
　　② 陈文化、刘华容：《技术认识论：技术哲学的重要研究领域》，见刘则渊、王续琨主编：《工程·技术·哲学》，大连理工大学出版社 2002 年版。

生产，一种抽象的物质性生产，即只涉及人与物的关系，尚未涉及人与人之间的关系即社会联系和社会生产关系，因此是一种"抽象认识论"。第三，"MT"模式仍然是一种将认识仅仅视为信息过程的传统认识论。在此基础上，提出了新的"技术认识过程及其运行模式"。

首先，他们提出了哲学认识的一般过程及其作用机制（如图3），即在马克思、恩格斯、列宁等的"三段式"的结构的基础上，转换为这种"四段式"的结构，即"自在存在——观念存在——观念模型——观念上的具体再现"的动态转化模式。

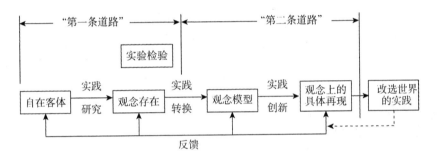

图3 哲学认识的一般过程及其作用机制

然后，提出了自然认识的一般过程及其作用机制（如图4）。得到自然认识过程与一般认识过程一样，包括科学认识即"完整的表象蒸发为抽象的规定"和技术认识即"抽象的规定在思维进程中导致具体的再现"两条方向相反的"道路"。技术认识作为自然认识过程的"十分重要的一半"，应该给予应有的重视。技术发明和创造过程是将科学认识具体化、完善化和对象化，为改造世界提供可操作性的方式、方法，而不是改造世界即物质生产活动本身。只承认科学认识而否认技术认识的"认识论"，不是马克思主义哲学的"全部认识论"。

最后在这个基础上，引申出"技术认识过程及其运行模式"

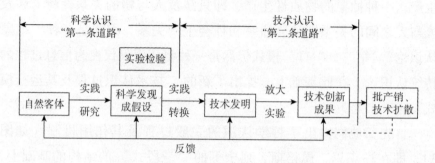

图4 自然认识的一般过程及其作用机制

（如图5），对这一过程的认识及其运行模式的论证，不仅把人与自然界的认识与改造关系统一起来，也把人与人之间的社会关系统一起来，即把人自己同技术的"关系"作为对象而进行"反思"。不仅反思人对技术的认识问题，同时反思人对人与技术关系的评价问题，反思人自身的存在与发展问题，从而更好地实现人与技术的协调发展。

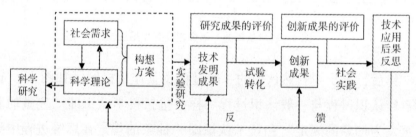

图5 技术认识过程及其运行模式

二、国外学者提出的技术认识模式研究

（一）J. Gero 设计的"情境 FBS 模式"

关于设计过程的模式，最早的是 Asimov 于 1962 年提出的"三阶段理论"，这种理论把与设计相关的所有行为分成公式化、合成和评估三个阶段。这个理论较为粗糙地表现了已为设计者所获得的经验事实所证实的特点，但它并未足够充分地阐明过程中的任何知识特点。

澳大利亚 Sydney 大学的 J. Gero 教授于 1990 年提出的有关设计的"功能—行为—结构（FBS）"模式，它提供了一种设计的过程观。功能是指设计之所以进行的目的，行为是源于结构或期望的结构的特性，结构包含了各种要素及其相互关系。这种模式把设计的整个过程划分为 8 个阶段，它们是：公式化、合成、分析、评估、记录、重新公式化的类型 1. 重新公式化的类型；2. 重新公式化的类型；3. 该模式的不足是未能详细描述贯穿整个设计始终的过程观。

技术知识背景的设计过程模式的发展中人们假定这些技术知识对涉及者或支撑设计的设计系统是可行的。以此为基础，对"什么是设计过程及支撑这些过程所需要的知识"的问题的回答，J. Gero 教授阐述了实现多样性过程所依赖的设计知识，这构成了设计研究的一种方法论的视角。阐述了八种设计的知识，它们是：第一，公式化的知识；第二，合成的知识；第三，分析的知识；第四，评估的知识；第五，纪录的知识；第六，重新公式化的第一种类型的知识；第七，重新公式化的第二种类型的知识；第八，重新公式化的第三种类型的知识。

设计是一种活动，在这一过程中，设计者用某种活动以改变环境。通过观察和阐释活动的结果，它们可以接着对环境做出新的活动。这意味着设计者的观念能根据他们所看到的而改变。我们可以谈论一个再次发生的过程，一个"制造和观察之间的互动。"这种设计者和环境之间的互动强烈地决定着设计过程，这种思想被称为"情境性"。为进一步研究这一过程，J. Gero 教授等人提出了设计的"情境 FBS 模式"。

"情境 FBS 模式"是从情境认知理论借用了包括建设性记忆在

内的概念。"建设性记忆"的主要思想是指记忆并非制定并固定于最初的经验，而必须时时都根据所需建构一个新的记忆。每一个记忆在被建立后，都被叠加到经验之上从而成为情境的一部分，它影响着进一步可能被建构的记忆的类型。

建立于情境性和建设性的记忆之上的这种模式，是内在的、外在的和阐释的世界所及需要的移动于这"三个世界"之间的阐释过程。使用"情境性"概念，移动于这三个世界之间包含了设计的"三个阶段"，即从外在的世界向内在的世界的转移包括了阐释；从内在的世界向预期的世界的转移包括了聚焦；从期望的世界向外在的世界的转移包括了行为。

（二）P. 克罗斯（P. Kroes）的技术结构－功能认识模式

"一切都依赖于所选择的观察角度。当关注的是实现所描述功能的物理结构时，功能描述是黑暗的，同样地，当关注的是由所描述的物理结构实现的功能时，结构描述则是黑暗的。一个客体的纯粹物理的描述并不能说明它的功能是什么（例如，它是一辆汽车），一种物质的化学描述也不能告诉有关它有什么医药上的功能的任何东西。这样一来，从一种功能的观点来看，一个结构描述也是一个黑箱描述。在每一个方式的描述都可视为另一个方式的黑箱描述这一意义上，这两种描述方式相互之间所处的地位在事实上是对称的。"①这是基于荷兰代夫特理工大学的克罗斯教授发展出的技术功能认识论而提到的，这与科学结构认识论不同。

技术功能认识论是把技术功能看作是性质而不是特征这样的一种出发点，用以与科学结构认识论相区别，也与单纯的照搬科学模式的技术结构认识论相区别。首先，技术客体具有双重的本体论性

---

① 〔美〕克罗斯：《作为倾向性质的技术功能：一种批判性的评价》，www. phil. pku. cn/personal/wugsh/。

质：既是物理建构物，又是社会建构物。其次，表现在技术知识的层面上，就是物理结构陈述的知识以及功能陈述的知识。任何一个技术客体都有这样的两种性质。真正需要搞清楚的是为什么结构的知识可以用以体现功能，这是技术的黑箱？以前我们以为只有结构，看不到技术功能本身的知识。而事实上，技术本应该是由结构与功能二重知识构成。这样的话，黑箱到底为何物？便是更加值得思考的问题。

结构描述同功能描述不同，结构描述是一种"白箱"描述，它对黑箱的物理内容是清晰的；它描述了处于黑箱内部的事物的所有物理性质。一个技术与科学之间的重大不同点在于：技术功能概念。功能知识是什么类型的知识，以及这一类型的知识是如何同物理性质的知识相关联的等等问题？功能概念对在工程设计中的思维来说，同科学概念一样重要。

功能描述是一种"黑箱"描述。客体是用一定的输入如何转变成一定的输出这样的术语来描述的。例如，一部手机的功能，可以被描绘成一种能将电磁信号转换成图像的装置输入如何转换成输出，这是清楚明白的，但是在黑箱之内是何种物理机制却是一无所知。也就是说，这种功能描述在涉及客体的物理构造和结构方面是不清楚的，功能则是清楚的。这同以下事实是相关的，功能描述是从使用的情境的角度、从手段和结果的观点来考察客体的结果。从这一观点来看，首要的是某些客体，不考虑其构造，可以用来作为达到一定目的一种手段。

黑箱认识模式是运用信息的输入、输出和反馈手段对未知事物的试探性认识模式。一般方式是在对研究对象的内在结构不了解，或虽有了解但暂不考虑其内在结构的条件下，以考察输入与输出信息的关系，从整体上把握事物规律的方法。黑箱方法的根据是结构与功能的内在联系。结构在内，功能在外，结构是功能的基础，功能反作用于结构。人们通过研究系统与功能，推测或模拟其结构。同时，这种认识模式也必须把对象从其环境中"分离"出来，确定对象与环境之间的边界，抓住对象与认识主体或环境相互作用的主要矛盾，从而把认识主体或外界对"黑箱"客体的特定作用作为"输入"，把客体对外界或对输入的反应看作运用特定通道实现的"输出"，从而建立这两者之间的对应关系，建立"黑箱模型"，可以对系统的功能进行定性或定量研究，作动态或静态的分析评价，对客体的内在结构和机制作出推断或预测其未来的发展等。黑箱认识模式不仅是科学认识中常用的一种方法，也是技术认识中不可缺少的重要内容。

正如 Preston（1998）做了如下的观察："通常人工制品的性质，特别是它们的功能的性质，被认为是如此显而易见、清楚明白，但是事实上根本没有人费心地对其进行充分的考察。"①把技术功能归附到客体上在认识论上是有意义的，即可以在我们原有的关于世界结构的知识之上和之外，增进我们关于世界的知识，功能的论断包含了关于世界的真实知识，这种知识不同于包含在结构的论断当中的知识，有必要去精心构造一种功能的认识论。

（三）J. C. 皮特的"MT 模式"

2000 年，美国技术哲学家 J. C. 皮特在《技术的反思：论技术哲学的基础》一书中提出了"人类打算怎样活动的模式（他简称为'MT < Model of Technology > 模式'）。② 这一模式中有三个基本的成分，其中两个成分概括为输入或输出，或称作转换（转化）。即输入

---

① B. Preston. Why is a Wing like a Spoon？A Pluralist Theory of Function. The Journal of Philosophy. Vol. XCV, NO. 5. 1998.

② J. C. Pitt. Thinking about Technology：Foundations of the philosophy of Technology ［M］. New. York：Seven Bridges Press. 2000：11.

与输出的二阶转化过程。一阶输入过程是根据我们已经确定的知识基础或从一个发展的确定状态开始，由被面临的问题加以推动；二阶输出过程一般是由应用上的技术对问题加以解决。决策属于一阶转化，一阶转化的结果有可能成为另一个一阶转化，即一个进行其他决策的决策。也可以能导致一个二阶转化，即创造某种工具的决策。二阶转化包括一个被建造了的工具。由此，我们知道，第一个层次的转换是人们面对某个问题时所做出的决定；第二个层次的转换是人们改变现有的物质状况并获得人造制品。第三个成分是对技术应用后果的评估反馈，通过反馈方法有可能使进一步决策的知识基础得以升级，并以反馈回咱的形式重新通过输入/输出过程而呈现打开的螺旋状级联，即'从错误中吸取教训'。"在进行技术后果的评估时，首先应弄清楚技术应用后果的事实，然后采取相应的行动。由于某些技术可能存在潜藏的危险或者可能会产生潜在的巨大后果，所以评估在反馈回路中具有重要的位置，评估成了支配"人类打算怎样活动的模式"的重要一步。①

J. C. 皮特的技术认识模式可以概括地表述为"决定——转换——评估"（图2）。即是说，技术认识的过程的第一步，可确定为"面对某个问题时所做出的决定"，是由先前实践转换而来的某种认识与某个具体问题相作用的产物；第二步是"改变现有的物质状况并获得人造制品"；第三步是对技术的应用后果进行评估。值得指出的是，与前两个模式相比，这个模式有两个独特之处，一是对技术的应用后果进行评估，要求人们对自己的制作活动以更为全面和基本的方式做出反思；二是提出了"反馈"机制，强调通过不断进行信息反馈、修正方案，最终达到预期的目标。

J. C. 皮特为技术哲学的研究提供了一个新的视角，引起了广泛

---

① J. C. Pitt. Thinking about Technology: Foundations of the philosophy of Technology ［M］. New. York: Seven Bridges Press. 2000: 14.

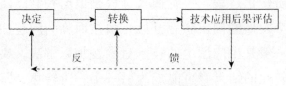

图 2　皮特的"MT 模式"

的关注并得到了充分的肯定。明尼苏达大学的阿尔钦（D. Allchin）认为，J. C. 皮特的《技术反思：论技术哲学的基础》中一个有价值的、值得肯定的东西，就是技术认识论，即提出了"一个成功的技术认识实践模式"。① 南卡罗莱纳大学的贝尔德（D. Baird）指出，J. C. 皮特用研究科学哲学的方法来考察技术哲学，用这种透视方法来分析技术中的哲学问题，还从未有过，应该赞扬他对技术哲学基础化所做的努力。但是，J. C. 皮特这个"决定——转换——评估"的模式对于我们研究技术认识论问题来说，还只是提供了一个启发和借鉴的方向。他所指的"决定"，实际上只是关于"获得人造制品，如炼油厂将原油转换为汽油"的"决定"，而不是指"开始制造出来"，更不是指如何转换的技术研究活动，并且将认识仅仅视为信息过程而没有把技术认识放到整个技术、自然、社会的系统中去全面、完整地考察。

三、现代技术认识模式研究②

　　现代技术认识的过程包括：科学研究过程（科学理论－试验－技术理论）和技术开发过程（技术理论－研究开发－技术应用）。此过程可具体分为下列诸环节：基础研究、应用研究、技术研究、

---

① D. Allchin. Thinking About Technology and the Technology of "Thinking About". Techne. Vol5. NO. 2. 2000.

② 杨德荣：《科学技术论研究》，西南交通大学出版社 2004 年版。

可行性研究、设计、模型、检验、计划、生产、评估。其中，技术理论是应用研究的结果，是科学理论与工程实践的中介，它体现了人类社会需要与自然物质运动规律的结合、主体要素和客体要素的统一；技术研究和开发是一个涉及多因素的动态过程。技术研究和开发的方法论就是从动态关系上把握各个环节相互之间的辩证关系，从而从总体上来指导技术研究和开发活动，以求成功达到预期目的。（如图6）所示：

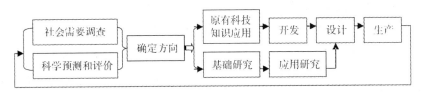

图6 现代技术认识的动态反馈过程

在本文中我们一直强调技术知识应该是静态与动态的结合，对技术的认识模式，也应当坚持一种动态的知识流的观点。皮特论证了与那种建立在真实基础之上被断定为是我们最好的知识形式的科学知识相比较而言，工程知识是一种更加可靠的知识形式。他认为，科学知识以及科学方法都是短暂的，并且经不起实用主义的知识理论的评价。技术知识，尤其是工程知识，它本身有一个任务定向的起点，而工作的过程又是动态的和相互作用的，因此技术知识可以跨领域使用。所以，这种知识是普遍的、确定的，不具有在不同领域中不可通约的特点。

第三节 技术认识的本质

技术认识论是以人们对技术活动及其结果为研究对象，从认识论的角度考察技术认识的本质与过程、技术研究与技术活动的方法论、技术认识与科学认识的关系等问题。为更好地理解现代技术的本性，我们将在本节讨论技术的发展、技术与科学、工程之间的联系与区别，进而认识技术的本质，为技术认识论的范畴分析提供前提。

一、技术认识的本质

技术活动是人类的一种高度复杂的认识活动，技术在产生与发展过程中呈现出意会性、程序性、整合性等认知特点。在整个技术认识的过程中，既不能忽视技术的功能特征，如技术是物质、能量、信息的人工转换，也不能忽视技术的结构特征，如技术是实体性因素（工具、机器、设备等）、智能性因素（知识以及知识体系），同时还要注意技术的社会目的特征，如技术是人们为了满足自己的需要而进行的加工制作活动。技术认识的复杂性表现在三个方面：

（一）技术主体的多元性

技术认识的主体是指从事一定技术活动的个人或集体。在古代的工匠技术中，活动主体主要是个人，在现代技术中，无论是技术系统的形成，还是技术系统的使用，活动主体都是集体。

技术认识主体有着广泛的外延。技术是一个社会化的过程，技术主体在社会化的过程中也发生了很大的转变。专门的技术系统和分工原则与劳动专业化相结合，使得每种技术事物都从属于一个更大的系统，一切个别技术对象和技术过程都结成一个总的技术体系。具体的个人活动创造了技术过程，技术体系把个人活动交织在一起，纳入自己的相互联结的网络之中。在这个过程中，形成了类似科学共同体的技术共同体，即由以共同的技术规范为基础而形成的技术专家群体。并且，工人，工程师，技术专家，企业管理者等技术主体在继续社会化的过程中，根据社会对新角色的期待和要求，不断充实和完善自己在技术共同体中的社会角色，使自己重新得到社会的认同。除此以外，在技术社会学的建构主义者看来，还应该包括工人、使用者、政府官员、技术进步某种单面效应的受益者或受害者等参与网络的所有人。

由于技术主体的多元性，现代工程活动与传统的技术活动有着明显的差别。当今技术系统的日益复杂，现代技术的重要特点是系统工程化，系统工程可以看成是一个庞大的技术系统。在这个庞大的技术系统中，技术认识主体需要的知识与能力也是完全不同的。与现代工程活动三个基本方向相对应，分别要求培养三类专门人才：第一类是工程师－操作员，他们用以完成工艺师、维修师和生产组织者的任务，这类工程师应优先发展实际应用方面的技能；第二类是工程师－研究员－设计员，他们主要履行发明家和设计师的职能，在技术科学领域他们与科学研究联系最为紧密，是联系科学与生产过程的关键环节，因此要求他们奠定坚实的科学基础；第三类是工程师－系统工程学家也就是所谓的"复合型人才"，他们的任务是组织和控制复杂的工程技术活动，培养这样的工程师需要一般系统论和广泛的跨学科性的知识，其中作为人文学科的科学技术哲学起到至关重要的作用。

主体的多元性同样也引起了技术评估中的重大变化。随着技术认识主体的不断扩展，技术评估的主体也不仅仅是技术专家与工程活动人员，还要将消费者和社会公民结合于这个过程之中。

（二）技术客体的二重性

技术客体的二重性也就是"技术人造物的二元本性"，这是克罗斯等人对技术人造物的本性进行研究得出的结论。克罗斯于 1998 年提出了一个名为"技术人造物的二元本性"的研究纲领（本纲领是"现代技术的哲学基础"研究纲领的一部分），以分析对理解现代技术有重要意义的基本概念和范畴，并将它们整合到一个相联的概念框架中。

根据克罗斯的论述，技术人工制品一方面是物理客体或过程，具有特定的结构（各种属性的集合），它们的行为受到物理定律（因果定律）支配；另一方面，任何一个技术客体不可缺少的方面就是它的功能。正是由于一个客体具有它的特定的功能，这一客体才是一个技术客体。一个客体的功能，在始终如一的意义上说，其根基是建立在它所处的情境当中的。当我们将意向性的活动同社会世界联系起来（而不是将因果性活动同物理世界相联系）的时候，可以将功能说成是一种社会建构物。因此，一个技术人工制品在同一时刻，既是一种物理建构物，同时也是一种社会建构物：它具有双重本体论性质。技术体系是作为结构与过程的统一，其性质是由特殊的规律决定的。技术具有的二重性质，是主观目的与客观上可以达到的可能性之间的辩证统一。

德绍尔在从历史的角度对技术客体进行考察的基础上，阐明了技术客体的特点：第一，以自然规律为基础，技术物品是通过贯彻自然规律服务于它的目的的，它必须遵循自然规律。第二，目的性特征。在技术客体中，自然规律的因果进程是被控制的，是按照目标完成的，具有目的特征或受目的论控制。技术客体的目的来自创造者（人）。人的要求、愿望为技术的制造和使用提供了目标。第三，人手的加工。它直接或间接地经过人手加工而成。他认为，在此三者之中，目的性是首要的，也是技术活动区别于自然科学研究的最重要特征。没有目的性这一基本特征就没有技术。由此我们也可以得出，技术人造物具有二元本性，即一方面它是人所设计的物理结构，另一方面这个物理结构是为了实现承载着某种意向的功能。

前者说明技术人造物作为自然对象，适合关于世界中物理的或物质的观念，后者则说明，它们作为具有一定功能的对象，更属于意向性的观念。这样，技术人造物就具有二元性：它们既不能仅仅在物理概念的范围内被说明（这样未能给它们的功能的特征留下空间），也不能仅仅在意向性的观念化的范围内被说明，因为它们的功能必须在与之相一致的物理结构中才能实现。这两种观念对刻画技术人造物的特性都是必要的。

（三）技术中介的多样化

在技术认识中，技术主体与技术客体之间主要是通过技术方法的"中介"而相互发挥作用的。技术方法作为技术认识的工具，其意义之一在于操作，技术方法具有操作上的可行性。在自然科学中，人们的任务是确定已知原因能产生哪些未知的结果，即证明自然界中客观存在的因果关系；而在技术中，人们是根据主观的发明，创造条件实现预期的目标。在前一种情况下，是通过设计合理的实验发现新的因果关系，在后一种情况下，恰好相反，是利用已知的因果关系创造有用的技术成果。科学与技术的这种差异，造成科学方法与技术方法的一系列相互区别的特点。

现代技术的功效是以自然科学原理和工程科学见解的应用为基础的，在自然科学中，提出疑问和形成概念从一开始就是为了创造尽可能普遍而精确的理论，而工程科学的实际目标则是具体实现技术系统和技术过程。虽然前者属于理论性研究，后者是实践性研究，但是它们所采用的研究方法和所得到的研究结果的基本功能有共同性。两种研究都采用经验研究方法和用数学表达理论的方法，都力图通过实验揭示研究对象的本质和特点，并建立起经验可观察的特定现象之间的函数、空间和时间关系。从逻辑学观点来看，这两种研究所用的表述都具有条件命题的特点：如果有一定的原因（前提），那么物理世界就会出现相应的、一定的结果（结论）；一旦认识了这种规律性因果关系，就可以应用科学规律的知识预见特定的自然现象，或者通过控制性干涉，造成一定的初始条件从而得到预期的结果。前者是活动的目标，后者是技术活动的目标。

伊德从现象学视角探究了人类与技术之间的关系，认为，工具既是知识产生的基础，又是对所获得事物的非中立性改变。工具在使用中具有意向性能力，它既可以揭示未知的事物，又可以改变现象出现的方式。技术不仅是一种工具，而是人造物与使用者的一个共生体。正如海森堡（W. K. Heisenberg）所预言的："也许我们的许多技术设备对于人类在将来会不可避免地像壳对于蜗牛，网对于蜘蛛一样……。到那时，技术设备确切些讲也许会成为我们人类有机体的一部分。"[①] 伊德在技术现象学中，着眼于人类经验和知觉的变化过程，确立了技术人造物在人类与世界的关系中所发挥的居间调节功能。

伊德认为，工具具有一种"意向性"能力，它既可以揭示未知事物，又可以改变现象出现的方式，而这种能力体现在工具连续统一体之中。工具连续统一体是一个具有视觉效果的技术变化过程。他以放大镜、光学显微镜、电子显微镜、空间探测器、红外线照相术和紫外线照相术五种光学技术为例，论证了工具连续统一体从低级的体现关系端向高级的释义学关系端的发展脉络。例如放大镜表明了最简单的体现关系，被放大了的物体与肉眼所见的完全相同，透过镜片，人们可以直接地、毫不费力地观察到物体的特征，工具具有半透明性。与放大镜相比，光学显微镜是相对复杂的光学仪器，它提高了工具放大的可能性。虽然光学显微镜仍属于体现关系，但与日常视觉的非连续性已初露端倪，它使肉眼无法观察到的微观特

---

① 邹珊刚等编译：《技术和技术哲学》，知识出版社1987年版。

征展现出来，这是对工具可能性的进一步深化。工具的意向性使世界上曾经被人类忽视、根本不知晓的许多方面暴露出来，新的知识产生了。因此，工具是知识产生的必要条件，而知识的获得发生在工具的"意向性"之中。不过，伊代的这一思想在理论自恰性上是存在矛盾的。伊代主张，所有工具都具有"意向性"能力，在这一思路的指引下得出的结论应该是，人类与技术之间的各种关系都体现出这种能力。然而实质上，伊德的工具"意向性"只涉猎了工具的释义学关系，也就是说，只有使认识客体的出现方式发生改变的，具有释义学关系的工具才具有"意向性"能力。

工具开始更加明晰地展示出对可视物的独特变化，这组变化表明了工具的"意向性"。它是对人类意向性的根本改变，通常会带来无法预期的后果，并将人类引入不可预知的领域。

陈其荣教授认为，技术认识基本含义包含以下几方面的内容：首先，技术认识以形而上学信念为前提，技术认识涉及关于实在、技术的形而上学信念。其次，技术认识以技术客体为对象，技术客体也就是人工客体，是人们为了满足自己特定的不断变化着和发展着的目的和需要，运用各种智能手段进行自觉行动，改变自然界和社会生活，而创造出来的事物、状态与过程。技术既是技术认识的结果又是人类和社会的"生活世界"的载体，它以一种独特的力量介入人类文明并发生作用，改变着现实世界的面貌。再次，技术认识以技术主体的技术行为为引导。技术绝不是"没有主体的认识论"。最后，技术主体和技术客体以技术方法为中介。技术方法是指技术主体在从事技术认识或技术研究的活动中所采取的手段、途径和方式的总和。与科学方法相比，技术方法具有显著的经验性、可操作性、功效性和时效性等。[①]

---

① 陈其荣：《当代科学技术哲学导论》，复旦大学出版社 2006 年版。

二、"二元论"与"三元论"中的技术

(一) 古代技术、近代技术与现代技术

在历史的向度上把握技术及其演进的历史形态,我们可以将人类技术发展大致分为三种大的历史类型:古代技术、近代技术与现代技术。古代技术的表现特点是巫术的、手工工匠或经验的;近代技术的表现特点是机器;现代技术的表现特点是虚拟的。

巫术型技术是一种以神秘性为表现样式的技术类型。虽然我们可以对巫术做出许多批判,诸如愚昧、神秘、落后等等。然而,正如卡西尔所揭示的那样,巫术是人类主体性精神最初的特殊存在样式,它在神秘性包裹之下隐藏着人类征服自然界的技术与(实用)智慧。巫术型技术是人类技术的原初形式。手工工匠型技术摆脱了巫术技术的原初神秘样式,它是建立在直接经验基础之上的技术类型。工匠型技术具有经验性、不精确性、理论的后现代性等特质。手工工匠型技术是从经验中获得,并凭借传统与日常经验得以传递,其完满性通过经验的摸索、调整、修正得以获得。其所获得的经验性成就就实质而言大体为实用知识,难免有知其然而不知其所以然之局限,缺少有效的理论前导。手工工匠型技术是前现代技术的类型。

近代科学的兴起导致了既有技术形式的根本改变,并改变了整个世界,其关键在于,人类首次将理论理性用于实用理性上,使得智慧成了变化的根由,使技术由经验型变为科学型。近代技术的本质是机器。

近代意义上的技术与其以前的技术相区别的本质在于:它是技

术手段和技术规范的统一①，是技术手段的物质实体自然物和自然力同技术规范的表现——自然科学原理的综合体。自然科学原理的自觉运用取代了实践摸索和经验的成规。机器作为自然力和科学的应用，"机器＝自然力＋科学的应用"，完整地体现了近代技术的本质。以机器、机器体系为核心构成了近代的技术体系，奠定了工业的基础；机器及机器技术的发展表现了近代技术历史进程的概貌；机器作为人征服自然的手段，标志着人与自然关系的重大变革。

由于现代技术是科学型技术，因而，现代技术对于人类生活世界的影响无论在深度还是在广度上，均是手工工匠型技术所望尘莫及的。科学型技术是以理论为指导的现代技术类型。它是理论先导型的技术，它发明了发明的方法，且技术尽可能精确化。"现代科学和现代技术都是理论理性和实用理性的混合物。两者互为因果。"②尤其是 20 世纪后半叶以来，伴随着现代技术本身的突飞猛进，大大改变了人们的生活世界交往方式，改变了人们对于存在的理解。现代交通技术与现代通讯技术的结合改变了既有时空观念，现代材料技术改变了既有的关于物质存在及其属性的认识，现代生命技术与现代微电子信息技术及其二者的结合在使生命突破自然界固有样式的同时，改变了人们对于生命、生活世界的认识，等等这些，不一而同。可以说，以生命技术、微电子信息技术为标志的现代技术对于人们的既有交往方式、既有的习惯思维方式，均具有价值颠覆的意义。

微电子网络技术对于人类社会生活方式的影响巨大，它渗透进人类日常生活的每一个方面，它不仅改变了人们日常生活世界早已习惯了的时空观，而且从根本上改变了日常生活世界交往方式，使

---

① 关士续：《"技术革命"与"产业革命"的概念》，载《学习与探索》，1985 年第 2 期。
② ［美］弗里德里克·费雷：《走向后现代科学与技术》，王成兵译，中央编译出版社 1998 年版。

得那种现实生活世界具有"虚拟二重性"特质，虚拟世界本身成为世界的一部分，甚至虚拟世界改变了既有的真实世界。这种技术对人类现实生活世界的影响与冲击丝毫不逊于克隆技术的应用。现代技术对社会的影响能力与范围空前扩大，有时甚至控制着人类的命运，形成了一种由掌握着专门技术的专家系统成为社会的支配性力量。现代技术引起人类对于自身命运的高度关切。

（二）技术与科学

技术和科学之间存在互动，两者之间有着复杂的交互关系。在一定意义上，可以把技术理解为应用科学。现代科学技术发展的历史表明，技术生长空间与科学密切相关。断言技术就是科学的应用可能言过其实，但科学毕竟限定了技术的可能范围，为技术发展指明了大致的方向。从技术作为知识这个角度来看，技术不是对知识的应用，它本身就是一种知识，而其特点是始终依从于技艺。当然，说技术在根本上不是"应用科学"，并不是说，技术不包含对科学知识的应用。不过，这只是技术的一个因素而非其本质。

从技术要实现的目标来看，技术是为达到最好的结果，而科学的目标在于获得真理，技术不能完全被描述为应用科学，科学的洞察力和数据在技术中被应用，但科学和技术并不存在等级森严的关系，技术中具有为达到某种结果的手段知识。拉普认为，"把技术归结为应用科学的人并没有看到技术所固有的特殊问题。"[①]他还指出，"在一定意义上，纯粹科学不过是技术的奴仆。是为技术进步服务的打杂女工。"[②]德国当代技术哲学家波塞尔（H. Poser）教授在接受采访时，对此观点明确给出了自己的看法。他说，"在我看来，传统的技术哲学观，即认为，技术仅仅是应用科学的观点是站不住脚的，

---

① ［德］拉普：《技术科学的思维结构》，吉林人民出版社1988年版。
② ［德］拉普：《技术科学的思维结构》，吉林人民出版社1988年版。

是完全错误的。"①

现代科学与技术的关系就像贝尔纳（J. D. Bernal）所言："科学不仅仅是思考上的事而已，它还要让思考不断地投入实践，并不断地靠实践来更新。这就是为什么科学不能脱离技术来研究。从科学史中，我们一再发现科学新形象由实践生出，以及科学的新发展引出新的实践部门。现代工程师的各项职务，很大部分直接由科学上的进步而来。现代工程师有许多名称，如电机工程师、化学工程师、无线电工程师等。这些名称本身就表明这些种工程原是科学的各部门，而现在就转变为实践的部门。"② 正如海德格尔所讲的那样，"现代技术在本质上先于科学并要求使用科学，现代科学是现代技术的产儿，无论如何，我们似乎害怕面对这个令人不安的事实，即今日的科学归属于现代技术的本质领域，而不是其他。"③ 科学和技术的结合是从工业革命开始的。对热机效率的追求促使人们研究热机的原理，导致热力学诞生。④ 今天的技术没有科学的强大后劲，技术创新是很难的，即或有也是小打小闹，实现真正突破是不可能的。⑤

其实，技术与科学的关系问题是一个极为复杂的问题。既不完全像 M·邦格认为的那样，可以把技术和科学作为同义语，技术就是应用科学，⑥ 也不同于美国的 H·斯克列莫夫斯基所指出的："技术不是科学"，"科学是研究既定的现实，技术则按照设计创造现实。"⑦ 而是如同约翰·齐曼（J. Ziman）描述的那样："有时技术先于科学，有时一项新技术来源于一系列由于人类的好奇心而获得的

---

① 郭贵春、成素梅：《德国科学哲学的发展与现状——访汉斯·波塞尔教授和李文潮教授》，载《哲学动态》，2006 年第 11 期。

② ［英］J·D·贝尔纳：《历史上的科学》，伍况菁等译，科学出版社 1981 年版。

③ ［德］海德格尔：《海德格尔选集》，孙周兴译，上海三联书店 1996 年版。

④ 董光璧、田昆玉：《世界物理学史》，吉林教育出版社 1994 年版。

⑤ 陈胜昌：《知识经济专家谈》，经济科学出版社 1998 年版。

⑥ ［德］F·拉普：《技术科学的思维结构》，刘武等译，吉林人民出版社 1988 年版。

⑦ ［德］F·拉普：《技术科学的思维结构》，刘武等译，吉林人民出版社 1988 年版。

发现。有些技术和科学关系密切，一起并行发展；但在有些情况下，实践和理论又可脱节许多年，几乎是相互独立发展着，最后才结合起来，产生出丰硕的成果。"① 前联邦德国的 F·拉普也认为，虽然科学（自然科学）与技术间有紧密联系，但两者间仍保持着相对的独立性，"因此，把科学和技术看成一个单一的复合体，这在任何情况下都要看到它们内在的区别，并把它们再次划分开来。"② 他还认为："如果把技术等同于工程科学，就会缩小这两个领域的实际差别。……就算一切技术并不都与科学如此接近，显然这两个领域尤其是在基础问题上也会有一定程度的相互融合。但是技术中有些突出的因素（发明、设计、逐步研制，直到投产）在科学中并无与之相对应的东西。由此看来，不能把技术简单地看成是应用科学。"③

陈其荣教授认为：科学是"人对自然界的理论关系"，技术是"人对自然界的实践关系"，因此与科学认识相比，技术认识有其独特的范畴、涵义和模式。李醒民教授认为：科学和技术是有联系的，但并非一体化；科学和技术是有区别的，但并非决然对立；科学和技术有时是互动的，但互动的形式多种多样，互动的过程错综复杂，而不是线性和一义的。④

从人与自然的关系角度看，科学的目的在于认识自然，理解自然，揭示自然界的客观规律，回答"是什么"、"为什么"的理论问题；技术的目的在于利用自然、控制自然、改造自然，解决"做什么"、"怎么做"的实际问题。也就是说，"科学研究的目标是寻求

---

① ［英］约翰·齐曼：《知识的力量——科学的社会范畴》，许立达译，上海科学技术出版社1985年版。
② ［德］F·拉普：《技术科学的思维结构》，刘武等译，吉林人民出版社1988年版。
③ ［德］F·拉普：《技术哲学导论》，刘武等译，辽宁科学技术出版社1981年版。
④ 李醒民：《科学与技术异同论》，"当代科学技术与哲学"学术研讨会论文集，2006年版。

真理本身，而技术研究则寻求有用的真理。"① 技术研究的目的就是
制定和改进技术规则，用莫顿斯（Joost Mertens）的话说："技术研
究的目的是增加或改进我们的技术知识，以合理化现存的工具性实
践（instrumental Practices），即对非预想的副效应的进步性淘汰。"②
莫顿斯同样认为，如果人们将科学视为对知识方法性寻求的话，"技
术研究能够称得上一种科学行为，它是对以有效性为特征的技术程
序的描述的方法性的发展，而自然科学则是发展以真理为特征的说
明性理论。"③ 他认为，科学的概念包括普遍性的知识或关于如何行
动的知识（Know－how）

　　技术是"做"，本质属性是实践。技术的目标是设计和发明自然
状态中本不存在，但却为人所需要的过程、程序、装置和产品，如
技术哲学家邦格所说，技术专家主要对人类能够控制的事件及其良
好后果感兴趣。他想知道如何使在他力所能及范围内的事物为他所
用，而不想了解随便什么东西实际上是怎样的，亦即"要寻求为了
按照预定方式引起、防止或仅仅是改变事件发生的过程，应当做些
什么"。④

　　科学强调理论，技术注重实际应用，与科学相比，技术不仅顾
及到成果的应用前景还要考虑经济效益。"技术任务、技术课题通常
是更为复杂的，它不仅要运用多门学科的知识，还涉及经济的、社
会的、法律的、地域的、心理的、安全的、环境的、艺术的、伦理

---

① ［德］M. 邦格：《技术的哲学输入和哲学输出》，载《自然科学哲学问题丛刊》，1984 年
　　版。

② Joost Mertens：The Conceptual Structure of the Technological Sciences and the Importance of Ac-
　　tion Theory ［J］. Studies in History and Philosophy of Science. June. 1992：333－348.

③ Joost Mertens：The Conceptual Structure of the Technological Sciences and the Importance of Ac-
　　tion Theory ［J］. Studies in History and Philosophy of Science. June. 1992：333－348.

④ ［德］M·邦格：《作为应用科学的技术》，见邹珊刚主编：《技术与技术哲学》，知识出版
　　社 1987 年版。

的诸多方面的因素。"① 有了科学原理、技术可能性、技术原理，还不等于就有了可以实际应用的技术。"要在工程中实际应用无线电通信技术，就不仅要知道如何去调制无线电波长，而且要确定在哪个波段（频率范围）去进行调制：不仅要知道用天线，而且要架设一定长度和一定高度的天线：不仅要知道用负反馈去改善频率响应性能，而且要选择反馈元件的参数：并对通讯装备的功率、灵敏度、分辨力、成本、安全性、维护条件等做出细致的安排。"②

因此，科学和技术的研究活动方式、组织化程度以及认识论特点都有所不同。还要注意到，从认识论上看，科学知识是关于自然客体的。技术知识则是关于技术客体，包括人造物（artifact）和技术制造与应用的技能的。科学知识的真理性在于对存在者本质的符合，由经验证实来辩护，其实在性是基本的、主导的方面。技术知识是关于人造物的制造和应用的认识。它的真理性在于技术制造和应用的有效性，要由制造和应用的实践来辩护。当然，技术知识也有其实在性的一面，即它同超越的"先定解决方案"相符合，问题是这种符合也由制造和使用的实践来辩护。这就是说，就技术知识而言，有效性不止是其真理性的基本的、主导的方面，而且包容着实在性方面。随着技术作为人之在世方式的存有论地位的揭示，技术作为关于人造物及其制造与应用知识的认识论地位也得到确立。这就是说，技术有着对于科学的形而上独立性。

（三）技术与工程

通常，人们把认识自然到改造自然整个过程中的基础研究、应用研究、开发研究、技术实施的四个阶段作"二元"划分，把基础研究与应用研究合称作"科学"，把开发研究与技术实施合称为

---

① 陈昌曙：《技术哲学引论》，科学出版社 1999 年版。
② 远德玉、陈昌曙：《论技术》，辽宁科学技术出版社 1986 年版。

"技术"。李伯聪教授提出科学、技术与工程的"三元论"观点。认为不但不应把科学和技术混为一谈，而且也不应把技术与工程混为一谈。他把科学活动解释为以发现为核心的人类活动，把技术活动解释为以发明为核心的人类活动，把工程活动解释为以建造为核心的人类活动。并明确定义"技术是可行的方法、技巧或'机器'的发明"。认为技术知识的基本形式和基本单元是技术发明和技术诀窍，技术活动的最典型的形式是技术发明和技术开发。而工程"是包括了设计和制造活动在内的大型的生产活动"。工程知识的主要内容是调查工程的约束条件、确定工程的目标、设计工程方案、作出明智的决策、预见工程的后果等，工程活动的基本内容是运筹、决策、制作、制度运行、管理等。①

《美国大百科全书》给工程下的定义："工程是把通过学习、经验以及实践所获得的数学与自然科学知识，有选择地应用到开辟合理使用天然材料和自然力的途径上并为人类谋福利的专业的总称。"②"工程师及更一般的设计师主要考虑的问题是，事物应当怎样做（how thing ought to be），即为了达到目的和发挥效力，应当怎样做"。③ 工程，它自古以来就是人类以利用和改造客观世界为目标的实践活动。工程是人类将基础科学的知识和研究成果应用于自然资源的开发、利用，创造出具有使用价值的人工产品或技术活动的有组织的活动。它包括两个层次的涵义：其一，它必须包含技术的应用，即将科学认知成果转化为现实的生产力；其二，它应当是一种有计划、有组织的生产性活动，其宗旨是向社会提供有用的产品。

---

① 李伯聪：《努力向工程哲学领域开拓》，载《自然辩证法研究》，2002 年第 7 期。
② 邹珊刚主编：《技术与技术哲学》，知识出版社 1987 年版。
③ 张华夏、张志林：《从科学与技术的划界来看技术哲学的研究纲领》，载《自然辩证法研究》，2001 年第 2 期。

如果从系统角度分析，工程作为一个系统具有如下特征：第一，工程是科技改变人类生活、影响人类生存环境、决定人类前途命运的具体而重大的社会经济、科技活动，通过工程活动改变物质世界。换言之，工程是科学技术转化为生产力的实施阶段，是社会组织的物质文明的创造活动。科技的特征和专业特征是工程的本质基础。第二，工程活动历来就是一个复杂的体系，规模大，涉及因素多。现代社会的大型工程都具有多种基础理论学科交叉、复杂技术综合运用、众多社会组织部门和复杂的社会管理系统纵横交织、复杂的从业者个性特征的参与、广泛的社会时代影响等因素的综合运作的特点。第三，工程活动能够最快最集中地将科学技术成果运用于社会生产，并对社会产生巨大而广泛的影响。这一影响是全方位的，不仅有社会政治的、经济的、科技的，也有社会文化道德的。这就形成了工程的价值特征。①

工程的基本问题与一般理论哲学的基本问题是不同的。哲学的基本问题是思维和存在的关系问题。工程的基本问题是围绕着模式创造为核心的真理、价值与理想的关系问题。技术仅是工程设计、工程活动的基本要素。若干不同技术的整合便构成了工程的基本内容。换句话说，工程是技术所构成的系统。所以，可以通过技术的分析去说明工程，但工程绝不可以归结为技术。工程与技术的关系可以用系统与要素的关系加以类比。由于所反映对象的不同，故技术不能涵盖工程。工程活动与技术活动不同，技术活动是手段性活动，它的任务是发明一项技术，创造一种手段。工程活动是一种综合性的技术活动，把各种技术手段综合起来去实现一个整体性的功能。在工程活动过程中有技术的发明和创造，但这些技术发明和创造是工程活动的一个组成部分，且受制于工

---

① 肖平：《工程伦理学》，中国铁道出版社 1999 年版。

程活动。工程活动的典型特征是创造一个世界上原本就不曾存在的存在物。所以它的本质特征是超越存在和创造存在的。相对于这一点，科学活动的本质特征是反映存在的；技术活动的本质是探寻变革存在的具体方法。

工程活动的结果是创造出一个新的存在，它在思维特征上不同于科学活动。首先，它的活动对象具有虚拟性，它是将要存在的事物，而不是现实存在的对象。其次是具有理想性，它代表了人的主体意愿和主观意图。第三是建构性，它是实践主体根据自己的意图，将现有的技术资源和物质资源重新整合、建构的过程，思维推理过程具有建构推理与整合思维的特点。第四是转化性。工程活动是将一个观念的存在通过工程过程转化为现实的存在，其间经历一个由观念存在到现实存在的转化过程。第五是协调性。工程思维中要处理多重规律的冲突问题和多重条件的约束问题。它要应用不同的规律，适应不同的条件并且要按照一个总的目标整合起来，通过特定的操作去实现一个工程对象。所以，协调不同规律的冲突和不同条件的约束是工程思维的重要特征。工程思维的这些特征也决定了工程哲学的问题、内容和方法的特点。

工程活动的重要特征是创造一个新的存在物。作为一个新的存在物而言，它是各种规定的总和。对于各种规定的总和来说，大体上可以分为三类：规律的规定；价值的规定；理想的规定。所以，工程哲学首先必须处理三类问题。第一，不同规律之间的互动和相干问题。要创造一个新的存在物，必须涉及不同方面的规律。这些不同方面的规律在性质和作用趋向上并不是一致的，其作用可能相互加强，也可能相互抵消。规律之间的可能性相干向目的性相干的转化过程中的性质和规律，处理这些相干作用的方法论原则是工程哲学的基本内容之一。第二，不同价值取向之间的冲突问题。所创造的新存在物，给不同的社会主体带来的利益关系不同，所以，围绕着这个虚拟的存在物，会展开不同价值观的冲突，协调这些冲突是社会工程的重要环节。工程哲学要研究协调不同价值冲突的规律性问题。第三，不同理想类型的设定问题。理想水平的高低，理想类型的结构制约着创造物的状态，设定一个什么样的理想状态，关乎到创造物的类型和层次。工程哲学中的这三类规定和三类问题，都围绕着一个核心展开，这个核心就是模式设计。规律、价值、理想这三个不同的维度，制约着模式设计。

自李伯聪教授提出"三元论"观点以来，对于技术的理解，便不能够简单地等同于工程，科学、技术与工程是各有其特殊的本质或本性的。按照李教授的观点：技术是对可行的方法、技巧或"机器"的发明，技术知识的基本形式和基本单元是技术发明和"技术诀窍"，技术活动的最典型的形式是技术发明和技术开发，进行技术发明活动的主要社会角色是发明家，以技术知识和技术活动为研究对象的哲学分支学科是技术哲学，与技术活动有关的主要哲学范畴是可能性、现实性、发明、规则、方法、工具（机器）、目的、技术能力等。工程是实际的改造世界的物质实践活动，工程知识的主要内容是调查工程的约束条件、确定工程的目标、设计工程方案、作出明智的决策、预见工程的后果等，工程活动的基本内容是运筹、决策、操作、制度运行、管理等，进行工程活动的基本社会角色是企业家、工程师和工人，工程活动的基本单位是"项目"或"生产流程"，而"项目"又是由一系列的"工序"或"单元操作"组成的，以工程知识和工程活动为研究对象的哲学分支学科是工程哲学，与工程活动有关的主要哲学范畴是计划、决策、目的、运筹、制度、操作、程序、管理、职责、标准、制度、意志、工具合理性、价值合理性、异化、生活、自由、天地合一等。①

---

① 李伯聪：《努力向工程哲学领域开拓》，载《技术哲学研究》，2004 年第 1 期。

　　工程和技术既有本质的区别，同时二者又有密切的联系。二者之间既具有互动关系又可以相互转化。从联系方面看，没有无技术的工程，任何工程活动都有技术的前提、条件和"基础"。从构成要素看，工程活动中除技术要素外还包括经济、管理、制度、政治、伦理等要素。从技术和工程的互动和转化关系来看，一方面，工程是技术的"应用"，另一方面，在进行工程活动时，工程又要"选择"和"集成"技术。技术和工程的成败有不同的评价标准。

　　从工程的观点看技术，技术有不同的形态，例如，"实验室形态"的技术和"工程化形态"、"现场形态"的技术。不同形态的技术之间相互联系与转化。发明和创新是面向未来的，技术发明决定着工程的未来和方向，但这并不意味着任何一项技术发明都是"必定"要转化到"工程现实"中的。

　　从技术的观点看工程，技术决定了工程活动的"可能性空间"的范围，作为"可能性"的技术是在工程活动中变成"现实性"的。在"工程舞台"上，不但要实现技术目标而且要实现其他目标，在工程活动中，技术因素和其他因素发生了和发生着复杂的相互关系和相互作用，应该避免单纯技术观点，应该特别注意研究和正确处理技术因素和其他因素的相互关系问题。

　　从以上分析我们可以得出："二元论"划分中的"技术"是广义的技术，而把"三元论"划分中的"技术"则是狭义的技术。工程被认为是与科学、技术并列的三大人类活动之一。并且，人们为了进行区分，通常"简要地把科学活动理解为以发现为核心的人类活动，把技术活动理解为以发明为核心的人类活动，把工程活动解释为以建造为中心的人类活动，"[①] 航空航天工程师和教育家塞厄

---

　　① 李伯聪：《工程哲学引论》，大象出版社 2002 年版。

道·卡尔曼（Theodore Von Karman）也曾指出："科学家发现了已经存在的世界；工程师创造了从未存在的世界。"[①] 在我国最新有"四元论"的提法，即科学、技术、工程、产业四种关系。这是在三元论的基础上，加入了产业的维度加以思考所提出的新观点。

---

① Louis Bucciarelli. Engineering Philosophy [M]. Delft University Press. 2003. 1.

第二章　技术知识

第一节　技术"知识说"

一、何为技术？

技术的定义问题在技术哲学研究中迄今尚无定论。"初看起来，'技术'一词的涵义似乎十分明白，因为到处都可以看到技术装置、器械和工艺，人们已承认它们是'第二自然'。不过，倘若要给技术概念下一个明确的定义，人们马上就会陷入困境。这种情形与那些同样具有高度普遍性的概念有些类似。尽管人人都以为自己知道'科学'、'政治'、'社会'等概念是什么意思，但是大家却很难就一个确切的定义取得一致意见。"[①] "甚至人有说，对技术作整体考察的人们中间，似乎根本没有完全相同的技术定义。"[②]

尼采（F. W. Nietysche）曾指出，"只有无历史的东西才可以下定义"。严格地说，这意味着给"技术"下一个非历史的定义是不可能的。既然技术是一种历史现象，那么只有在特定的历史背景下

[①]　[德] F·拉普：《技术哲学导论》，辽宁科学技术出版社 1986 年版。

[②]　远德玉、陈昌曙：《论技术》，辽宁科学技术出版社 1986 年版。

才能概括出技术的概念。的确，技术对象的生产和使用总有一定的具体历史条件，而这些具体条件又有自己的历史背景。在人类的发展史上，技术经历了一个由简单到复杂的发展过程。与此同时，人对"技术"这个概念的认识也经历了一个不断深化的过程。

在18世纪以前，人们用于生产和改造自然界的工具、机械等都比较简单，易于操作，几乎人人都能很方便地掌握和使用。因此，这一时期人们往往把技术和机器等同看待，认为机器就代表一种技术的全部内容。在今天看来，机器只不过是技术的硬件部分，绝不是它的全部内容。

在18世纪以后，随着技术的发展和复杂化，要操作工厂里的很多机器就需要预先经过某种形式的培养和训练，掌握必要的知识、技能和诀窍，也就是说，要发挥一项技术的作用，不仅要有技术的硬件（机器、设备等），还要掌握技术的软件（相关的知识、技能等）。到20世纪初40年代电子计算机问世之后，人们已经明确地认识到技术包含有硬件和软件两个组成部分。但是，由于19世纪到20世纪初广为应用的一些传统技术的硬件大都是专用性的和单功能的机器设备，操作人员掌握了有关的知识和使用方法后，按照一定的计划既能得到很好的利用。也就是说，有了硬件和软件，有关的技术就能按照单一的目标很好地发挥作用。

最近几十年中出现了许多更复杂的新机器和新设备，功能也越来越多，可以为多个目标服务，这就需要技术使用单位的决策人员去恰当的规划或安排，才能合理地和有效地利用它们的多功能，而机器设备和操作人员仅仅掌握技能诀窍已不能充分发挥它们的作用。也就是说，技术除了硬件和软件之外还有其他的内容。1986年加拿大学者Zeleny明确提出了技术的硬件、软件、智能件和支撑网络的概念。他的观点正被越来越多的人所接受，其重要性也越来越为人们所认识。

　　美国技术哲学家卡尔·米切姆在对技术的类型进行分析时，对哲学探讨的定义进行了总结发现："技术的现有解释多种多样，如把技术说成是'感觉运动技巧'（费布曼提出）、'应用科学'（邦格提出）、'设计'（工程师们自己提出的）、'效能'（巴文克和斯考利莫斯基提出）、'理性有效行为'（埃吕尔提出）、'中间方法'（贾斯珀斯提出）、'以经济为目的的方法'（古特尔－奥特林费尔和其他经济学家提出）、'实现社会目的的手段'（贾维尔提出）、'适应人类需要的环境控制'（卡本特提出）、'对能的追求'（芒福德和斯宾格勒提出）、'实现工人格式塔心理的手段'（琼格提出）、'实现任何超自然自我概念的方式'（奥特加提出）、'人的解放'（迈希恩和马可费森提出）、'自发救助'（布里克曼提出）、'超验形式的发明和具体的实现'（德绍尔提出）、'迫使自然显露本质的手段'（黑德格提出）等等，某些解释在字面上都明显不同。但即使把这些都考虑在内，也还有很多其他的定义，其中每一种定义——这样假设是合理的——都在技术的普遍含义上提示了某些真实方面，但又都是暗中运用有限的几个中心点。因此，关于这些解释的真假常常要看这个狭窄观点的排他性而定。"① 尽管米切姆在这里未能给出每一个技术概念的完整表述，但西方学者对技术本质的不同理解，以及在技术定义上的分歧程度却可见一斑。在历史上对技术的定义有"技能说"、"手段说"、"体系说"、"知识说"、"应用说"、"实践说"等等。

　　"技能说"是认为技术就是经过熟练而获得的经验，技能和技艺。例如，前苏联学者布罗诺夫斯基将技术定义为："人类用以改变环境的各种不同技能的整体"。日本人村田富二郎将技术定义为："在生产现场中，直接或间接被充分利用的，只有经过特定训练的人

---

① 邹珊刚：《技术与技术哲学》，知识出版社1987年版。

才具备的特定能力。"

"手段说"是将技术理解为为了实现目的的物质手段体系的总和。《简明不列颠百科全书》认为，"技术是人类改变或控制客观环境的手段或活动"。苏联大百科全书将技术定义为"为实现生产过程和为社会的非生产需要服务而创造的人类活动手段的总和"，认为"生产技术中最积极的部分是机器"，"技术就是生产体系中劳动手段的总和"。日本学者相川春喜则指出"技术是劳动手段的体系"，形成"劳动手段体系说"的技术界定。"体系说"把技术的本质固定在物的对象中来理解，而忽视了人类的实践活动。

"应用说"或"运用说"强调技术的主体因素，即"有意识的应用"。"应用说"的技术定义具有深刻的实践性和辩证的逻辑性，强调人类实践的主体性，因而把对技术本质的认识从狭隘的社会科学领域推进到从哲学上来进行反思。需要注意的是这里所说的"意识"的实质。当把"意识"的理解仅仅局限在纯粹的抽象概念中，就有陷入合理主义思想的危险。有许多现代技术经验说明，把这种"意识"单纯地带到生产实践中去，那么靠生态系统、自然资源、人类环境形成的自然平衡就会失调，技术本身也会遭到破坏。技术的应用说从静态的形而上学理论体系构建出发阐释技术的目的，技术主体与客体之间的关系，是一种主客之间、目的与手段之间相分离的技术认识。

还有人认为技术就是科学本身，是科学知识的应用，是应用科学。邦格在《技术的丰富哲理》中将技术定义为"为按照某种有价值的实际目的用来控制、改造和创造自然的事物和过程，并受科学方法制约的知识总和。"日本物理学家武谷三男及其学生技术哲学家星野芳郎也主张："技术是在生产实践中客观规律性的有意识的运用。"在此的客观规律性，指的是"科学"。由此形成了技术的"运用说"。①

技术的"知识说"者，将技术理解为一种知识。德国的贝克曼（E. O. Beckmann）给技术下定义为"指导物质生产过程的科学或工艺知识。"埃吕尔将技术定义为"一切人类活动领域中通过理性得到的，具有绝对有效性的各种方法的总体。"他认为："技术是合理、有效活动的总和，是秩序、模式和机制的总和……技术是在一切人类活动领域中通过理性得到的（就特定发展状况来说）具有绝对有效性的各种方法的整体。"② 中国的《辞海》对技术的定义是："技术是人类在争取征服自然力量，争取控制自然力量的斗争中，所积累的全部知识与经验。"③ 张华夏与张志林两位教授认为，"技术是一种特殊的知识体系，一种由特殊的社会共同体组织进行的特殊的社会活动。不过这种知识体系指的是设计、制造、调整、运作和监控各种人工事物与人工过程的知识、方法与技能的体系。"④

"实践说"则强调人类的实践过程，认为科学是理论（知识），技术是实践。技术之为人对自然界的实践关系。日本的武谷三男与星野芳郎都将技术的本质理解为人类实践的概念。武谷三男认为，技术的本质概念不是实体的概念，而只有人类实践的概念才是技术的本质概念。他认为，人类的行为应该是因果律和自由律的统一，人类的技术实践有下述两个基本特点：第一，人类的实践，特别是生产实践，是按客观规律性进行的。无视客观规律性的人类实践是

---

① 陈凡主编：《技术与哲学研究》第 1 卷，辽宁人民出版社 2004 年版。
② 陈昌曙：《技术哲学引论》，科学出版社 1999 年版。
③ 陈凡主编：《技术与哲学研究》第 1 卷，辽宁人民出版社 2004 年版。
④ 张华夏、张志林：《从科学与技术的划界来看技术哲学的研究纲领》，载《自然辩证法研究》，2001 年第 2 期。

不能存在的。第二，技术与技能不同，① 只有把这两个概念截然分开，才能正确把握技术发展史，才能正确处理和解决现代技术的难点。星野芳郎则对以上观点进行了详细的阐述。所谓生产实践，把的是劳动本身、劳动过程。依据马克思的观点，劳动在本质上是人与自然之间的一个过程。而人类劳动之所以成其为人类劳动的根本道理，即是有目的地在客观中主观地掌握合目的的自然规律性，并在实践中有意识地加以应用。技术上的自然规律性总是合乎目的的，是能达到目的的特殊的自然规律性。因此，自然规律性是技术的一种特性，自然规律性是技术领域研究的内容。要研究技术的本性，就需要弄清楚人类的实践是如何成为可能的，实践是怎样进行的。日本的吉谷丰认为，"所谓技术，就是为了人类及社会的需求创造财富，为了维持和发展社会解决各种各样问题。"② 相类似的有 F·费雷的定义："智能的实践运用。"

除以上几种具有代表性的分类定义以外，夏威夷大学的女哲学家玛丽·泰尔斯（Mary Tiles）在为《科学哲学手册》编写"技术哲学"条目时，精选了分属三个不同派别的七种技术定义，分别如下：第一，技术是"服务于为了实践目的的知识组织"（Mesthene，1969）；第二，技术是"人类创造出来的用于完成而没有它就不能完成任务的系统"（Kline and Kash，1992）；第三，技术是"为达到特定目的显示于物理对象和组织形式中，基于知识应用的系统"（Volti，1992）；第四，技术是"由少数技术专家通过有组织的等级

---

① 技术和技能的区别在于：技术是属于客观的、有组织的、社会的东西；而技能则是依靠熟练操作而获得的一种能力，是属于主观的、心理的、个人的东西. 技术是有意识地在实践中运用作为客观知识的合目的的自然规律性，即是把合目的的自然规律性作为客观的规律性来掌握，而技能则是把合目的的自然规律性作为主观的规律性来掌握. 因此，在这个意义上讲，技术可定义为"在生产实践中对客观规律性的有意识地应用"；而技能则可定义为"在生产实践中对主观规律性的有意识地应用"。

② ［日］吉谷丰著：《日本技术问题纵横谈》，李荣标译，北京科学技术出版社1985年版。

去理性化的控制大多数的人群、事件和机器的系统"（Mc Dermott，1969）；第五，技术是"在其中人与非生物发生各种各样关系的生活形式"（Winner，1991）；第六，技术是"在一切人类活动领域理性的达到并且（在特定的发展阶段）具有绝对效率的所有方法"（El-lul，1964）；第七，技术是"一种社会建构和一种社会实践"（Stamp，1989）。①

建构论者比克（W. Bijker）认为，尽管给出一个精确的技术定义难以做到，也无必要，但技术一词具有以下三种含义：其一、物理实体或人工制成品，如自行车、电灯；其二，技术指行为或过程，如炼钢；其三，技术指人类所知道的以及所做的。

西方学术界在技术概念理解上的分歧还表现在以下具有代表性的表述上。在艾斯（M. Eyth）看来，"技术是赋予人的意志以物质形式的一切东西"。H·贝克（H. Beek）认为，技术是"通过智慧对自然的改造……人按照自己的目的，根据对自然规律的理解，改造和变革无机界、有机界和人本身的心理和智慧的特性（或相应的自然过程）"。德绍尔指出："技术是通过自然资源的有目的的造型和处理而从思想中引出的现实"。汤德尔（L. Tondl）则认为："技术是作为主体的人为了改变世界的某些特征以便达到一定目标而置于自己同客观世界之间的东西。"图切尔（K. Tuchel）也提出与此相近的定义："技术是指在创造性建筑的基础上为满足个人和社会需要而产生的一切对象、过程和系统，它们通过规定的功能服务于特定目的，并且在总体上改变世界。"② 澳大利亚奥本大学（Auburn University）的罗布·罗夫蒂斯（J. R. Loftis）在这一基础上提出，"一种技术是一个增加使用者自然能力的人造物，它是被意向性地生产出来的，

① ［夏威夷］玛丽·泰尔斯：《技术哲学》，见张华夏、张志林主编：《关于技术和技术哲学的对话》，载《自然辩证法研究》，2002年第7期。
② ［德］F·拉普：《技术哲学导论》，辽宁科学技术出版社1986年版。

它不是对一种情感或思想的推理的表达（putative - expression）"。①

由以上不同的定义可以看出，技术总是指称如下东西中的任何一种或几种：

第一，由技术实践所产生或制造的物质工具、设备或人工物；第二，技术知识、规则、秘诀或概念；第三，工程或其他的技术实践，甚至包括与应用技术知识相对的特定的职业态度、范式与假定；第四，技术是人的创造力的表现，是人为了达到目的而在客观规律的无数可能性中所做出的创造性选择，是为着特定目的的实践活动。

其中，美国技术哲学家卡尔·米切姆，提出下述的综合性的技术概念，是较为典型的。② 第一，作为对象的技术，包括装置、工具、机器等要素；第二，作为知识的技术，包括技能、规则、理论等要素；第三，作为过程的技术，包括发明、设计、制造、使用等要素；第四，作为意义的技术，包括意志、动机、需要、意向等要素。

以上的讨论，表明了定义技术的难度。无论是技术的"能力说"、"手段说"、"知识说"还是技术的"应用说"，"体系说"，都表现了技术是在一定目的作用下，运用一定的工具，达到一定的功能的技术本质思想。然而这种侧重于静态的技术本质界定却无法说明技术自身的内在逻辑是什么，技术的内容是什么，技术的体系结构如何等等问题，其最终只能走向一种对于技术功能的总体认识，

---

① 罗布·罗夫蒂斯归纳指出，一个完整"技术"应包括六点标准：①技术是知识的产物，不是知识本身；②技术包括一些非物质实体，包括符号性系统及社会系统，但不包括个人技巧；③技术不包括纯粹的艺术品和既是艺术又是技术人造物的艺术方面；④技术不包括纯粹的宗教和既是宗教的又能是技术人造物的宗教方面；⑤技术包括前现代人造物；⑥技术包括非人类人造物，当这些非人类人造物是智能的产物时，引自陈凡：《全球化视野中的技术——第13届国际技术哲学学会（SPT）会议述评》。

② Carl Mitcham. Types of Technology. in P. T. Durbin（ed.）: Research in philosophy & Technology（Vol. 1. 1978）: 229 -294.

而这种认识，也最终将趋于对技术本质的片面理解。①

陈凡教授提出，要把握技术的本质，首先必须明确技术的范畴。其次，必须明确技术的目的。技术的目的是改造世界，技术过程是人类的意志向世界转移的过程，因此，技术的本质是"人类利用自然、改造自然的劳动过程中所掌握的各种活动方式的总和。"这个定义，把技术视为一个系统，一个动态的过程，它概括了技术的基本特征，体现了技术是人与自然中介的基本思想。

S. 莫泽尔（S. Moser）在《走向一种技术形而上学》（1958）一文中批判性地述评了一些已有技术定义的成败。应当看到，评判已有技术概念的优劣和成败，也许并不是一种明智的做法。因为各种定义其实从不同侧面把握了技术的某些特征。如果把各种技术定义综合起来看，就可以得出一幅关于技术的比较完全的"全景图"。不过，常见的那种通过简单罗列各学者的不同定义的办法并不可取，原因有二：一是各学者的定义之间有交叉和重叠，因此，罗列不是一种"经济"和简明的研究方法；二是每个学者的不同定义在不同的时期和场合，并不一定能保持稳定，因而罗列比较困难。

陈其荣先生认为，对于技术的认识，关于技术是什么，归纳起来有如下几种答案：技术是人对自然界的能动的改造关系或实践关系的思想，揭示了有关技术的各种涵义之间的联系，亦即：技术作为"制作"，它表征了技术是按照思想中的理念制作现实物品或构建人工世界的一种活动；技术作为合目的手段和人的行动，它表征了人类改变或控制客观环境的手段或活动；技术作为人体器官延长，它表征了生命的存在之一的人的特征，并构成了人类进化的现实；技术作为文化，它表征了技术在社会实践中所创造的物质财富和精神财富，以及技术在整个文化中的中心地位；技术作为知识和知识

---

① 马会端、陈凡：《皮特的行动技术思想分析》，载《技术与哲学研究》，2004年第1期。

体系，它表征了技术是关于做什么和怎样做的知识，是设计、制造、调整、运作各种人工事物和人工过程的知识、方法与技能的体系；技术作为一项重要的社会建制，它表征了技术活动具有自身的职业化的组织研究机构，是一项重要的社会事业；技术作为直接生产力，它表征了人改造自然、控制自然、驾驭自然的能力。①

其实，对于研究者来说，定义技术的目的有二：一是为了勾画研究范围，明确他本人头脑中的技术概念，这有助于避免无谓的争论；二是为了将人们的注意力引向特定的问题，从而促使人们就技术真正重要的特征进行讨论。出于这种考虑，本文无意就众多的技术概念作筛选性比较，从而做出赞成哪个（些）或不赞成哪个（些）的判断，或贸然给出自己的定义。笔者认为在技术的定义问题上两种倾向：一类观点倾向于在理论的维度上理解技术，认为技术是一种知识（或方法）体系；而另一类观点倾向于在实践的维度上理解技术，认为技术是一种人类活动（或行为）的结果、产物、产品。其实对于技术的理解应该有一个整体的概念进行宏观把握，即它既是行动，又是知识与方法；既有理论性，又有实践性。与科学相比，技术的实践性更强。特别是在认识论的层面上"技术是知识体系"即"知识说"存在合理性。技术具有理论性与实践性，即从认知的和理论的方面研究是什么、为什么；从实践和伦理的方面研究做什么、怎么做。从本质上讲技术是一种实践性的知识体系。

二、技术"知识说"

人类知识的成果或结晶，包括经验知识和理论知识。经验知识是知识的初级形态，系统的科学理论是知识的高级形态。知识通常

---

① 陈其荣：《当代科学技术哲学导论》，复旦大学出版社 2006 年版。

以概念、判断、推理、假说、预见等思维形式和范畴体系表现自身的存在。人的知识（包括才能）属于人的认识范畴，是在后天的社会实践中形成的，是对现实的真实或歪曲的反映。在"知识"的来源和实质问题上，各种哲学流派的见解甚至是对立的。唯心主义者主张知识是先天存在的或头脑主观自生的。旧唯物主义者把知识看作是个人的认识或个人经验的成果。辩证唯物主义则从实践的社会性来了解知识的本质，把社会实践作为一切知识的基础和检验知识的标准。无论什么知识，只能经过实践检验，证明是科学地反映了客观事物的，才是正确可靠的知识。知识可区分为直接知识和间接知识。从总体上说，一切知识都发源于实践经验。知识（精神性的东西）借助于一定的语言形式，或物化为某种劳动产品，因而知识可以交流和传递给下一代，成为人类共同的精神文化财富。科学知识对实践有重大指导作用。"马克思就是共产主义从全部人类知识中产生出来的典范"①。人类知识已成为认识世界、改造世界的强大武器。近代唯物主义创立者培根在《新工具》中第一个提出"知识就是力量"的口号。知识随社会实践、科学技术的发展而发展。知识的发展表现为在实践基础上不断地由量的积累到质的深化和扩展，即知识处在辩证运动中具有历史继承性、不可逆性和加速度增长等特点。当代知识量的增长迅猛异常，知识更新周期日益缩短，知识门类众多，各种知识相互渗透。知识通常可分为三大类：自然科学知识、社会科学知识和思维科学的知识。哲学知识是关于自然、社会和思维知识的概括和总结。② 许多人把技术看作应用科学，并没有认真地把技术看作是知识。正如德国哲学家 K. 科恩瓦赫斯（K. Kornwachs）所指出的："一些人说，技术，因为它是应用科学，

---

① 《列宁选集》第 4 卷。

② 《哲学大辞典·马克思主义哲学卷》，《哲学大辞典·中国哲学史卷》编辑委员会编，上海辞书出版社出版 1999 年版。

是某种退化了的自然科学，是一种低层次的知识而已（大概许多自然科学家是这样想的）。"① 显然，这是一种片面的理解。

（一）技术是知识

技术的"知识说"者，将技术理解为一种知识。技术和科学都是知识，人们对于科学是知识的观点，早在古希腊就已经达成共识。在希腊文中，本无"科学"这个词，但有"知识"一词"επιστημη"，后来，"επιστημη"即获得科学的涵义。柏拉图曾说：人们常常根据习惯把科学称为知识，实际上应当给它另外取个名字。他主张改成"理智"。② 从根本上讲，他的"理智"与"知识"并没有多大区别。亚里士多德在论及科学知识的性质时说，这是一种"获得关于可以论证的事物的知识。"③ 在拉丁文中，"科学"一词写作"scientia"或"scire"，就其最广泛的意义来说，即是学问或知识的意思。英文"science"、德文"wissenschaft"、法文"scientia"等皆由此衍生转换而来。虽然那时尚未形成独立的自然科学，但认为科学是一种知识的观点，在一些古籍文献中明显可见。

长期以来技术被理解为人工制品的制造和使用，基本上是科学知识的应用，所以技术与知识的关系远不如科学与知识的关系那么直接。直到 18 世纪，才有更多的思想家把技术看成是知识。1772年，贝克曼最早主张技术不是物乃至不包括物质原子，而只是知识。将技术定义为"指导物质生产过程的科学或工艺知识"，这种知识"清楚明白地解释了全部操作及其原因和结果。"④

进入二十世纪，技术是知识的观念逐渐被越来越多的学者接受。

---

① 张华夏、张志林：《技术解释研究》，科学出版社 2005 年版。

② 柏拉图：《理想国》商务印书馆 1986 年版。

③ 亚里士多德：《工具论》，广东人民出版社 1984 年版。

④ 黄顺基等主编：《科学技术哲学引论——科技革命时代的自然辩证法》，中国人民大学出版社 1991 年版。

1958 年，波兰尼在《个人知识》一书中提出了技术知识的难言性。根据他的默会理论，人的知识可分为明言知识与默会知识两种。默会知识指的是那种不可能用我们的语言系统明确表达出来的知识，它只能借助于一种身体力行的参与来获得。而技术知识就是属于这样一种亲身参与获得的知识。

1974 年技术史家莱顿在《作为知识的技术》一文中，把技术看作是一种知识。他明确指出，"技术知识是关于如何做或制造东西的知识"，指出"技术作为知识"的思想，认为技术知识是关于如何做或制造东西的知识，反之，自然科学具有一种比较普遍的知识形式。他说，研究者应"承认技术的认识论基础，将技术变迁的本质看作是知识变迁"①。从而强调技术的认识论基础，不仅将技术变迁的本质看作是知识变迁，他还说明了技术和工程并非科学的衍生物，而是与其有互动关系的自主的知识领域；恰恰是知识，而非人工制品，才是技术的根本。② 他声称"技术知识是关于如何做或制造东西的知识，反之基础科学具有一种比较普遍的知识形式。"③

1977 年，邦格在《技术的丰富哲理》一书中，认为技术是"按照某种有价值的实践目的用来控制、改造和创造自然的与社会的事物和过程，并受科学方法制约的知识总和"。④ 同年，技术史家 E·福格森提出技术是一种高度依赖视觉的活动，认为技术知识即使能被表达，在很大程度上也是以视觉形式而非以口述形式或数学形式进行表达的。⑤

---

① E. T. Layton. Technology as knowledge ［J］. Technology & Cul2ture. 1974（15）. No. 1：31 －41.

② E. T. Layton. Technology as knowledge ［J］. Technology & Cul2ture. 1974（15）. No. 1：31 －41.

③ 张华夏、张志林：《技术解释研究》，科学出版社 2005 年版。

④ ［德］F. 拉普：《技术哲学导论》，辽宁科学技术出版社 1986 年版。

⑤ E. Ferguson. The Mind Seye：non Verbal Thought in Technology. Science, 1977（197）：827 －836.

1978 年 R. E. 麦吉恩（R. E. McGinn）在"什么是技术"一文中进一步指出："技术立足于利用和创造知识体系，这种知识体系之部分可以被合理地称为技术知识。技术中的知识既不能完全地还原为非智力的技艺技巧，也不能还原为独立发展的科学知识。技术知识由三部分构成：第一，关于如何通过制造和利用某些物质产品或改变某些物质客体而去做某些事情的知识；第二，关于在技术活动中资源、特别是物质和能量的知识；第三，关于实现行动之期望结果的方法的知识。"①

1978 年美国的卡尔·米切姆指出："把技术看作知识是一种关于技术的最佳分析模式。"② 他在《技术的类型》一文中提出作为知识的技术（技能、规则和理论）的同时，还提出了作为对象的技术（装置、工具和机器）、作为过程的技术（发明、设计、制造和使用）、作为意志的技术（意志、动机、需要和意向）。③

1990 年技术史家、职业工程师文森蒂出版的《工程师知道一些什么，以及他们是怎样知道的——航空历史的分析研究》一书，1997 年荣获 ASME 国际历史与传统中心的工程师历史学家奖。此书在近年来讨论技术哲学时被反复引用。作为一个资深工程师和工程理论的研究者，他特别注重研究工程师在日常的技术活动中和日常的经验中需要引进一些什么样的知识。由于他们的目标不同，这些知识的内容、组织与运用不同于一般的科学知识。要明白这种知识的性质和重要性，就要着重分析常规的技术而不是根本的技术或技术革命。

1998 年德国哲学家 K. 科恩瓦赫斯在《技术的形式理论》一文

---

① Robert E. McGinn. What Is Technology. in P. T. Durbin（ed.）: Research in philosophy & Technology（Vol. 1. 1978）: 181.

② 陈凡主编：《技术与哲学研究》第 1 卷，辽宁人民出版社 2004 年版。

③ Carl Mitcham. Types of Technology. in P. T. Durbin（ed.）: Research in philosophy & Technology（Vol. 1. 1978）: 229 – 294.

中提出："除了我们社会的组织化知识之外，有关怎样应用现存事物，怎样生产有用的事物，以及为了得到我们所需的功能，为了具有用于不同目的的工具，怎样设计人工制品的知识，也都是我们所要体验和收集的。我们称这些知识为技术知识。"① 帕拉依尔（G. Parayil）承接技术史家莱顿"技术作为知识"的思想，对来自技术哲学、技术史、技术社会学、创新经济学研究领域的技术变迁解释模型进行了广泛的评述，发现这些模型不能对技术的发展做出一致的说明。②

（二）现代技术知识的发展

现代技术知识从一开始就建立在精确实证科学的基础上，力求定量和精确化，设计图纸、操作规程和技术标准的数字化和信息化是轻而易举的事情。席卷知识领域的信息化潮流使技术知识处于愈来愈有利的位置。知识的信息化意味着：技术知识将取代传统文化知识（叙述型的知识）的中心地位。

技术知识已经成为当代技术哲学研究的一个主题。美国技术哲学家皮特认为，不存在永恒的哲学思想，哲学问题随时间的变化而变化（change over time）。如今提到前沿的问题是如何理解或确定以人造物为例说明知识的特征。这是一个新问题。许多学者从历史的、设计的、方法论的、认识论的观点已经对技术知识本质做出了各种各样的理解。研究结果表明，确实有不同类型的技术知识存在，而且在技术（例如，设计、应用）中需要范围具体的各种知识。对技术知识进行出色分析的代表人物是技术史家、职业工程师文森蒂。

文森蒂于 1990 年出版了《工程师知道一些什么，以及他们是怎

① 张华夏、张志林：《技术解释研究》，科学出版社 2005 年版。
② Parayil. G. Conceptualizing Technological Change：Theoreticaland Empirical Exploration ［M］. Rowman and Littlefield Publishers. Inc. 1999.

样知道的——航空历史的分析研究》一书，他在 20 世纪 40 年代至 50 年代曾任美国航空顾问委员会航空研究工程师和科学家，掌管过国家的超音速风洞实验，在航空与航天飞机的设计上取得过重大成就。对航空技术发展的出色分析正是在这种导向上对所谓"工程认识论"（Epistemology of Engineering）研究的成功尝试①。因为分析技术革命时，"创新性的认知内容很难详细地加以说明，而过程的本质方面很容易被忽视了"，他着重分析了五个航空历史案例。其一：戴维斯机翼以及 1908—1945 年的机翼设计问题：1930 年远程飞行的飞机机翼的形状是什么？它们一般是怎样进行设计的？其二：1918—1943 年美国飞行器的飞行质量说明问题：为了获得使飞行员满意的飞行质量，对设计有哪些工程要求？其三：1912—1953 年对控制体积的分析：在一般机械设计中怎样考虑和分析流体的情况？其四：1916—1926 年 W. F. Durand 与 E. P. Leslie 对空气推动器的试验：在飞行器设计中怎样选择推进器？其五：1930—L950 年英国飞机中铆接法的革新：怎样为美国飞机设计和制造铆接钉牢的组合？

　　他认为经过这些长期研究和知识积累，形成了一个技术常规设计的传统。它由两个部分组成：①运行原理，一切人工制品都有它的运行原理，说明"这个装置是怎样工作的"。例如，有翼飞机的运行原理就是"必须平衡运输工具的重力的那个上升力是由推动一个刚性表面对抗空气阻力而向前运动产生出来"。②常规型构，它是最好的实现运行原理的装置的一般形状与布局，如飞机中的机翼、机身、引擎、尾部方向盘的合理布局等。①与②构成区别于科学知识的技术知识的实体。它可以由科学发现来触发，但它并不包含于科学知识之中，因为它所处理的问题是为了达到某种实践目的，即我们应该怎样做的问题。文森蒂从一个实践的和深入思考的工程师的

---

① Vincenti. W. What Engineers Know and How They Know It ［M］. The Johns Hopkins Press. 1990.

观点对工程知识提供了一个说明，认为工程知识和一般说的技术知识构成一种离散的不同于科学知识的知识形式。①

欧洲的技术哲学研究中心之一埃德霍温理工大学，就技术知识的范畴与技术知识的标准化（规范化）进行了研究。他们主要分析关于技术的人工制品及其意会的和规范化特性的知识以及规范的形式逻辑的作用等问题。人们对作为"意会之物的技术人工制品的考虑允诺对于特殊的行动—理论模式和行动的本性给予新的阐明。

其中 P. 克罗斯主要研究技术知识相关问题，发表了《设计中技术的和背景的限制》（1996）、《技术阐释：技术客体的结构和功能之间的联系》（1998）、《作为装置的技术功能：一种批判性的评估》（2000）等论文，提出了技术知识的结构和功能模型。1998 年他与 A. 梅耶思教授一起承办了春季研讨班，提出了一个"技术哲学研究中的经验转向"的研究纲领。2002 年 6 月又与人联合承办了"技术知识的哲学反思"国际技术哲学会议，就技术知识的分类、技术知识和标准化、技术知识的发展与整合等问题进行了讨论，取得了较大成果。

技术哲学家特别关注的哲学问题是：什么使技术知识区别于其他类型的知识。从迄今为止的论争来看，技术知识确实具有不同于科学知识的规范。这与人工制品的功能方面有关：人工制品按照它们的功能可以是"好的"或者"坏的"。迄今为止还没有关于技术的人工制品及它们功能的技术知识的本质的系统探究。技术人工制品功能的概念在工程中扮演了一个至关重要的角色，而且是涉及人工制品之意图的概念，但是也涉及人类行动的目的或意图的相关概念，并因而涉及意向性和规范化之概念。

---

① 张华夏、张志林：《技术解释研究》，科学出版社 2005 年版。

三、技术知识的二重性

技术知识根据知识的结构和功能的不同，可分为技术结构的知识和技术功能的知识。前者关系到技术人造物的物理的（或结构的）属性；后者则与人如何成功地使用人造物相关联。技术发展中的知识整合是指来自不同领域的知识整合在一起，以寻求解决多个技术问题的方法。一般而言，经验的知识或存在于操作者头脑中的知识，是个人知识，往往是只可意会、不可言传的。在技术认识过程中这种知识有时起关键作用。

无论是技术人工客体二重性，还是技术知识的二重性的研究，都旨在发展出一种"技术认识论"的研究纲领。荷兰代夫理工大学哲学系联合美国布法罗大学哲学系，美国麻省理工学院、美国弗吉尼亚技术学院、荷兰埃德霍温理工大学、美国乔治技术学院共同组织了 2002－2004 年关于技术人工客体二重性的国际研究纲领，作为现代技术的哲学基础的总体研究计划的一部分。

在研究中，克罗斯在美国《哲学与技术》杂志 2001 年春季刊发表的"作为倾向性质的技术功能"一文中，在技术人工客体二重性研究的前提下，又提出了技术知识的二重性。他说，"一个技术人工制品，在同一时刻，既是一种物理构物，同时也是一种社会建构物：它具有双重的本体论性质。"接下来，他又说，"这一双重的本体论性质在技术知识的层面上有与它相对应的部分。技术知识也有两面性：一方面，它同技术客体的物理（或结构）性质相联系……另一方面，技术知识也和客体的功能性质有关。"① 由此，技术知识的二重性是指技术知识不仅包含结构的知识，而且也包含功能的知识。

---

① 张华夏、张志林：《技术解释研究》，科学出版社 2005 年版。

　　高亮华教授在界定技术知识时，给出了两种思路，其一是指导技术知识界定为工程师所应用的知识。把技术理解为一种问题解决活动。他认为，技术知识首先是工程师所应用的知识。工程师的目的不是追求技术知识，而主要是应用技术知识去解决问题。在技术中，知识是作为实用目的的手段，工程师的任务就是利用技术改造世界。其二，是把技术知识界定为如何做，与如何设计、制造、操作技术制品的知识。技术知识主要是一种与 know－how 而不是 know－that 相关联的知识。也就是说，技术知识是同其目的在于操纵人类环境的人工制品的设计、建造和操作相关联的，是设计、建造、操作人工客体的知识。在技术中，并非没有 know－that 的知识，而只是这种关于事物是怎样的知识，是一种手段，它最终服务于事物应当是怎样的。

　　西蒙（H. A. Simon）认为，自然科学处理的问题是事物是怎样的（how things are），而技术或他所说的人工科学所处理的问题，是事物应当怎样做（how things ought to be），即为了达到目的和发挥效力，应当怎样做。莱顿认为，技术知识是关于如何做或制造东西的知识，反之自然科学具有一种比较普遍的知识形式。

　　赖尔（G. Ryle）不仅区分了知识的二重性，而且还指出，"知道怎样做和知道那个事实二者之间存在着某些类似，也存在着某些歧异。"[①] 西蒙在《人工事物》一书中也提出，自然科学处理的问题是事物是怎样的，而工程设计，如同所有的设计一样，所处理的问题是事物应该是怎样的。也就是说，技术知识除了一般性的描述以外，还有功能性的描述，正是二重性的表现。

　　从技术的角度考虑，"Know how 不仅包括怎样进行设计，而且包括怎样获得或创造出用于这个过程的知识。"[②]并且，文森蒂从工

---

① ［英］赖尔：《心的概念》，上海译文出版社 1988 年版。

② 张华夏、张志林：《技术解释研究》，科学出版社 2005 年版。

程师的观点还举了推进器的例子来加以说明。他认为，工程师必须同时知道哲学家赖尔所说的完成任务的知识和事实的知识二者。正如皮特所说，"工程师知道的是什么东西，就是知道如何去完成任务，首要的就是因为他们知道这个任务是什么。"①

四、技术知识的动态观

无论是英国著名技术史家辛格还是美国技术哲学家费雷均主张技术是物质手段和知识的统一。辛格在《技术史》中提出"技术是用来制造或生产物质的知识和装置"。费雷则强调物质可能是也可能不是技术的基础，但知识则一定是技术的基础。

张华夏教授认为："技术也是一种特殊的知识体系，一种由特殊的社会共同体组织进行的特殊的社会活动。不过技术这种知识体系指的是设计、制造、调整、运作和监控各种人工事物与人工过程的知识、方法与技能的体系。有时人们将各种人工制品也列入技术的范畴，那是因为，这些人工制品，例如生产的设备和科学的仪器被看作是物化了的知识或知识的（非语言的）物质的表达。② 文森蒂在《工程师知道一些什么，以及他们是怎样知道的——航空历史的分析研究》一书中，指出"工程知识有正当的理由被认为自身就是知识论的一个种类。"而陈昌曙教授也认为，工程技术哲学主要是根据发明创造的活动过程，从认识论的角度探讨技术的本质。美国哲学家米切姆从功能主义的角度区分了四种技术，即实体技术（器皿、装置、设备、机器等）、过程技术（发明、设计、制造、使用）、知识技术（经验规则、以科学应用为基础的本质技术理论、与操作直

---

① 张华夏、张志林：《技术解释研究》，科学出版社 2005 年版。
② 张华夏、张志林：《从科学与技术的划界来看技术哲学的研究纲领》，载《自然辩证法研究》，2001 年第 2 期。

接相关的操作技术理论）和意志技术（目的、动机、需要）。① 从中就可以看出技术是实体与过程的结合，是物质与知识的统一。

也就是说，从把技术看作是技能与实践到把技术看作是知识体系或劳动手段，无不体现出技术主体与客体之间的静态主客对立，进而构建出基于主体理性思维之上的形而上学的技术认识体系。"而这种认识体系，则与主体的唯理性的形而上学思考紧密相连，这种主客体结构呈现出一种仅仅呈现于主体意识上的一种凝结状态。"② 皮特指出，技术的社会批判者在谈论技术时有一种令人感觉烦扰的地方，就是他们将技术视为一种"物"，一种静态存在的物。皮特说，尽我所能，"我不能发现这一物"。③

皮特认为，由于人们通常认识不到技术的动态发展性而往往将技术视为静态的物，导致技术研究中未能包括适当的个体的决策和行动即对于技术具体的内部逻辑分析，导致对于技术的研究游离于哲学会话之外，哲学家通常未能提供技术议题的充分的描述。也就是说，哲学家在对于技术的处理上通常没有成功的原因在于具体技术的内部分析缺乏使得哲学家难以轻易地加以哲学表述，这就阻碍了人们将技术议题事例到更大的哲学议题中去的道路，结果是把人们对于技术的讨论从向更宽泛的哲学整合中转移了出去，这主要表现在：第一，从一种意识形态的偏见的背景中去讨论技术；第二，肯定或否定某种技术的发明，但却仅仅从它是否促进或威胁了某种特有的道德价值体系；第三，假定技术是一个自主的整齐划一的"物"；第四，把技术的更新看作必然是对人们的政治体系和人们的

---

① Carl Mitcham. Types of Technology. in P. T. Durbin （ed.）: Research in philosophy & Technology （Vol. 1. 1978）: 229–294.

② 单少杰:《主客体理论批判》，中国人民大学出版社 1989 年版。

③ J. C. Pitt. Thinking about technology: Foundations in the philosophy of technology. New York: Seven Bridges Press. 1999: Xi.

生活方式造成了威胁。①

技术不仅仅是一种知识，而且技术知识一样具有静态与动态之分。陈昌曙教授曾经就对技术展开动态的分析指出，"就技术而言，就可以有 art、skill、technique、technology" 等多个词，而 technique 和 technology 又有所区分，而 technique 又包含对于制（making）和做（doing）的区分。② 陈昌曙与远德玉两位教授坚持认为技术是知识体系的动态实践过程。"技术（尤其是现代技术）不仅包含着知识体系，还需要有物质手段，不仅有技能要素与实体要素，同时是它们的结合，而且是这些要素结合起来的动态过程。或者说我们不能把技术归之于是设计、制造、调整、运作和监控人工过程或活动的本身，简单地说，技术问题不是认识问题，而是实践问题，实践当然离不开认识，但不能归结为认识。在技术的活动中有知识，但不能归结为知识。"③

因此，技术不仅仅是一种静态意义上的知识体系，还需要从动态的观点来理解。技术知识是静态与动态统一的过程，是知识与行动的统一过程。技术的本质特性决定了它的双重性，我们认为研究技术不能脱离认识论，认识上应当基于一种动态的技术观。

第二节　技术知识及其特点

一、技术知识的特点

把技术看作一种知识是对技术本质认识的深化。技术知识是实

---

① J. C. Pitt. Thinking about technology: Foundations in the philosophy of technology. New York: Seven Bridges Press. 1999：66.
② 陈凡主编：《技术与哲学研究》第 1 卷，辽宁人民出版社 2004 年版。
③ 陈昌曙、远德玉：《也谈技术哲学的研究纲领》，载《自然辩证法研究》，2001 年第 7 期。

现技术目的、变革自然的规则、工艺、方法、操作规程以及工程的技术理论。

技术作为一种知识体系，指的是设计、制造、调整、运作和监控各种人工事物与人工过程的知识、方法与技能的体系。人们往往将各种人工的制品也列入技术的范畴，那是因为，这种人工制品例如生产的设备和科学的仪器被看作是物化了的知识或知识的（非语言的）物质的表达。而技术这种活动指的是技术共同体的人们进行的设计、计划、试制、检验和监测各种人工系统的活动。技术知识是关于人们改造、变革自然物质客体使之成为满足人的需要的物质形式的知识，也就是关于怎样做的知识体系。

与科学知识的科学定律相比，技术知识的核心部分是技术规则。邦格曾对科学定律和技术规则的区别进行分析。他认为，正如纯粹科学集中研究客观世界的模式或规律那样，以行动为目标的研究在于建立成功的人类行为的稳定规范，也就是应用科学的有根据的规则。科学定律和技术规则有四点不同：第一，规则与定律不同，它既不真也不假，而是有效的或者无效的；第二，一条定律可以与一条以上的规则相容；第三，定律正确并不能保证有关的规则有效，前者只适用于日常实践中碰不到的理想状况；第四，虽然有了定律我们可以制定出相应的规则，但是给定一条规则，我们无法找出它蕴涵的定律。

邦格认为规则一共有四种：一是行为规则（社会的、道德的和法律的规范）；二是前科学规则（艺术、手工艺和传统生产的经验规则）；三是符号规则（句法和语意的规则）；四是科学和技术规则（活动的规则）。所谓科学和技术规则，"是总结纯粹科学和应用科学中的具体方法（如随机抽样方法）和先进的现代生产的具体技术（如红外线焊接）的规范"。

由此我们可以知道，将定律转换成技术规则是可行的，但反过来则不行，即技术规则不能转换成科学定律。"成功并不能使我们从规则推导出定律"，"没有哪一组规则能向人们提示一个正确的理论"；"而从真理到成功的道路数量有限，因此是可行的。"

二、技术产生与发展过程的认知特点

技术产生与发展的认知活动有一些特点，是科学认知活动中不具备或不够明显的。技术产生和发展的过程具有不同于科学产生和发展的认知特点，主要体现为意会性、整合性和程序性。研究这种认知特点，具有十分重要的意义。

（一）意会性。英国哲学家波兰尼（M. Polanyi）称之为"tacit knowledge"，也可译作"难言知识"或"默会知识"。根据波拉尼的默会理论，"人的知识分为两类。通常被说成知识的东西，像用书面语言、图表或数学公式来表达的东西，只是一种知识，而非系统阐述的知识，例如我们对正在做的某事所具有的知识，是另一种形式的知识。如果称第一种为言传知识（explicit knowledge），第二种为默会知识（tacit knowledge）。"① 前者也称为明言知识（articulatable knowledge），后者也称为难言知识或非明言知识（inarticulate knowledge）。在这里，波兰尼给出了默会知识的基本内涵。

任何技术知识的表达都需要通过语言，而语言本身是一种技能，因此，任何技术知识的表达都必然具有难言的特征。也可以说，所有的知识或者是隐性的，或者植根于隐性知识，植根于实践，技术知识充分体现出了这种特征。经验的知识或存在于操作者头脑中的知识，是个人知识，往往是只可意会、不可言传的。在技术认识过程中这种知识有时起关键作用。难言知识的意向性和动态性定向了

---

① M. Polanyi. The Study of Man. Chicago：University of Chicago Press. 1959：12.

技术解题活动，因而是个人或组织产生正确技术问题的源泉，也是明言知识增长的基础。

隐性知识是在不同的主体之间不断互动着的。① 日本学者野中指出，由于知识系统中存在不稳定和不确定性，为了将知识作为创新的源泉，就必须建立一种能使难言和明言两类知识进行转换的机制，从而达到知识的共享，这是一种由知识到知识的过程。但拥有难言知识的人是不会主动传播知识的，特别是可以带来特别收益的难言知识，也就是说难言知识具有垄断性。另外，难言知识主体之间没有超越组织命令以外的直接的交流和接触，员工无法突破自己的工作岗位进行面对面的交流，组织的管理越严密，员工之间的隐性知识的共享就越难。"隐性知识主体因其受教育的程度、工作性质的特殊性、工作方法和工作环境的与众不同，使得他们在思维方式、情感表达和内心需求等方面存在着个性化与多元化的趋势，需求层次出现了混沌和无序。"②正由于意会性知识更多地体现了创造性与个体性，因而在一些知名企业都将其视为不可替代的智力资源。

（二）程序性。技术认知过程具有程序性的特征。技术的产生和发展都离不开程序化。技术以"设计"为中心，即将人们的主观需求、知识储备、经验技能、客观物质条件等等程序化为一系列的技术规则、工艺标准和控制手段。程序性在一定阶段上会体现出相对独立性和自主性。技术活动是以某种特定程序为它制定的发展方向。

---

① 根据隐性知识在各层次内部和层次之间不断地流动和转移，具体可分为四种层次：（1）员工个体拥有的隐性知识；（2）团队拥有的隐性知识；（3）部门拥有的隐性知识；（4）企业拥有的隐性知识. 这四种层次的隐性知识发生如下的知识流动：（1）个体自身的知识流动；（2）个体之间的知识流动；（3）团队之间的知识流动；（4）部门之间的知识流动. 以上四种知识流动是企业中同层次内的知识流动. 对于个体、团队、部门每个层次来说，都有各自的利益，进行同层次的知识流必然会涉及知识贡献者的利益问题，为提高企业技术创新能力而对企业隐性知识进行管理时这一问题必须处理好。

② 施琴芬、郭强、崔志明：《隐性知识主体风险态度的经济学分析》，载《科学学研究》，2003 年第 1 期。

例如，微软视窗系统的程序被广大的电脑使用者所接纳，从而比其他软件系统更深地影响到千百万人的学习、工作和生活。

（三）整合性。技术认知过程涉及各种对象、结构、功能、方法等等要素。这些要素按照系统原则不断整合，形成一个有效的整体以满足人们的各种需要。即使技术系统中某些环节的机理尚不清楚，或某些元件达不到理想标准，只要能够良好匹配，充分整合，仍能保证实现特定的功能，达到整体上的优化。可见，与科学认知活动强调逻辑分析相比，技术认知活动更加强调系统整合。

技术认知活动的整合性是与技术的二重性密不可分的。任何技术都具有发挥其功能的一定结构。只有功能没有相应结构的技术是不存在的。结构和功能双方相互以他方存在作为自己存在的前提。一方存在，他方也开始存在。一方消失，他方也就不存在。技术内部的结构和功能，是相互依存的一对矛盾的统一体。在概念上，结构和功能完全可以是独立的概念，而且关于功能的程度规定和广延性规定也可以完全是独立的规定。在技术中，一定的结构决定一定的功能，其主要原因是由技术的经济原则所决定的，适应一切功能的结构是不存在的。技术的认知目的是使技术工具和产品实现一定的实用功能，技术认知的整合性是开放的，动态的，在这个过程中会不断开发出技术产品新的功能。

三、不同于科学知识的技术知识形式

根据美国斯坦福大学教授 W. G. 文森蒂、弗吉尼亚理工学院教授 J. C. 皮特等人的富有启发性的研究，技术知识还有下述三个重要特征：

（一）科学知识的目的在于解释，技术知识的目的是生产人工制品。

　　"科学的目的应该是帮助我们去理解世界呈现给我们的方式，并且它通过求助于并不是直接显而易见的世界的面貌特征来构建和检验理论去实现这一目的。"① 而"技术/工程的目的是创造人工制品"② "工程活动的知识形态被作为实用目的的手段，而在科学中，知识是取得更多知识的手段，因而看来自身就是目的。"③ 在科学中，知识是用以产生更多的知识，科学知识的目标是认识与理解世界。而在技术中，知识是用以设计和制造人工事物，次要地产生更多的知识，技术知识的目标是控制与改变世界。"技术知识是关于怎样做才能达到目的的知识，它是一个有效用、无效用的问题，只有有效值而无真假值。"④ 有用性（usefulness）和有效性（Validity）是其检验的标准。

　　（二）技术知识比科学知识具有更大的可靠性。

　　按传统的观点，科学知识被描写为"普遍的"、"真实的"和"确定性的"。可是，由于不同的科学有不同的特征，由于科学知识受理论制约的性质以及科学领域的延伸（特别是延伸到社会科学），科学知识的普遍性、真实性、确定性、可靠性的程度被极大地削弱了，它不过是一种成功的解释世界的方式而已。由于技术是讲究实用的知识，是设计、制造、运转人工客体的知识，能够有效地解决实际问题，因此，在这种意义上，"与那种是建立在真实基础之上被断定为是我们的最好的知识形式的科学知识相比较而言，技术知识是一种更加可靠的知识形式。"⑤

　　（三）技术知识能够跨越各个领域使用，不具有科学知识在不同

①　Joseph Pitt. What Engineers Know［J］. Technè, Volume 5, Numbers 3：Spring 2001.

②　Joseph Pitt. What Engineers Know［J］. Technè, Volume 5, Numbers 3：Spring 2001.

③　W. Vencenti. What Engineers know and How They Know It. The Johns Hopkins Press. 1990.

④　K. Kornwacks：《技术的形式理论》，张华夏、张志林：《技术解释研究》，科学出版社 2005 年版。

⑤　Joseph Pitt. What Engineers Know［J］. Technè, Volume 5, Numbers 3：Spring 2001.

领域的不可通约性。对于技术知识，"第一，这样的知识能够跨越各个领域传播；第二，它无论在什么地方都能够使用"。与此相反，"科学知识明显地不像技术知识那样以同样方式跨越领域'传播'。一个关键的障碍是它自己提出来的：不可通约性问题（the Problem incommensurability）。"①

技术知识作为技术的系统化、理论化形态，具有一定的自主性，因此属于被波普尔称作"世界三"（即精神产物的世界）的客观知识。技术作为一种知识形态，来源于经验又区别于经验知识，技术具有经验的性质，但经验知识不是技术；技术知识是人们在劳动过程中所掌握的技术经验和理论，即知识有两种类型，一种是经验知识，一种是理论知识，不同的技术知识表明人类在认识自然和改造自然的过程中，主体认知能力的不同的发展阶段。技术知识属于科学的范畴，但技术知识又主要不是关于认识自然的知识，而是关于改造自然的知识，这就使其与科学知识区别了开来。

第三节 技术知识的分类与整合

一、技术知识的分类

（一）根据知识反映客观事物程度的不同，可分为经验知识和理论知识。

技术知识是人们在劳动过程中所掌握的技术经验和理论，即知识有两种类型，一种是经验知识，一种是理论知识，经验的资料以

---

① Joseph Pitt. What Engineers Know [J]. Technè, Volume 5, Numbers 3：Spring 2001.

及用自然科学的和专门的语言对实验技术结果的描述属于经验的知识。在技术科学中经验知识具有特别重要的意义，技术知识要实现自己的职能，并不总是要成为逻辑上严密、完备的理论，但却必定要有经验上的充分根据。前者表现为技能和准则；后者具有抽象性、系统性，表现为技术规则和理论。

按照米切姆的观点，技术知识可以分为：第一，感觉运动的技巧与技能（Sensorimotor skills or technemes）；第二，技术准则（technical maxims）、经验法则（rules of thumb）处方（recipes）；第三，描述性定理（desciptive laws）或技术规则（technological rules）；第四，技术理论（technological theories）。

关于技术制造和应用的技能的知识，是一种前意识的知识，属于"知道怎么做"（knowhow）的知识，通过直观、试错式学习、师徒传授等方式获取，这同波兰尼所说的作为个人知识的"默示知识"相通。

技术的准则或经验法则是对默示知识作言传的初步尝试。这是对解决问题的战略作的启性说明，有如烹饪法说明。描述性定律或者说技术法则的知识即在表面上是描述性的，只是暗含着对行动的规定。和科学的定律有相似之处，又不同于科学定律，即没有明显的理论构架可用以解释这种定律。这是因为，这种定律通常乃直接从经验导出。这类公式亦称"经验定律"。

技术知识可以在很晚以后才形成理论。技术理论包括实体的（substantive）和运作的（operative）两种类型。前一种类型一般同技术制造有关，后一种则同技术应用有关。实体理论实质上是科学理论对实际情境的应用，例如空气动力学或者说飞行理论，就是流体力学的应用。运作理论从一开始就关乎人和人—机复合体在实际情境中的运作，例如决策理论、运筹理论。邦格认为，"从实践的角度看，技术理论比科学理论更丰富，它不限于说明不管决策者做什么都有什么东西存在，可能存在，或将会发生，而是关系到发现什么东西必须做，以便带来什么，预防什么，或仅仅是改变事件的位置，或以预定的方式改变它的过程的健在。而在概念的意义上，技术理论比科学理论贫乏得多。"①

（二）根据知识载体的不同，可分为物质的形式和观念的形式，前者指物化于工具中的知识，后者是存在于操作者头脑中的知识。

日本技术哲学家户坂润曾经指出：现实的技术无一例外的总是在一定的生产关系、一定的社会组织中具有一定的客观存在方式，这就是技术的物质性因素；技术又有一定的主观存在方式，就是技术的观念性、主观性、可能性因素，技术的观念性因素应该以物质性因素为媒介或者通过已经作为媒介的事物才能开始获得其自身的具体性。② 观念的技术对应的就是观念的知识形式，表现为劳动者个人的技能与智能，如数学家的计算、临床医生的诊断、文学家的创作以及理论家的思维。在技术认识过程中，这些存在于个人头脑中的个人知识，起着关键的作用。

美国南卡罗莱纳大学（South Carolina）大学的 D. 贝尔德教授是"工具认识论"的提出者，他在对人造物的哲学反思基础之上进行技术知识分类，认为工具中存在着封闭的和整合的知识，这些知识独立于它所产生的背景，因而技术知识可以分为两种：物质的形式和观念的形式。前者指密封于工具中的知识，后者是存在于操作者头脑中的知识。科学工具的认知作用日益凸显，工具技术知识发展中有三条教训，它们分别是：第一，在一个发展到相当程度的高技术社会中，操作那些人造物的主观的知识即"人类的信念"是相当有限的；第二，那些物质性的装置（工具）内含了大量的各种各样的知识；第三，工具中内含的知识要真正成为知识，工具必须发挥它

---

① 张华夏、张志林：《技术解释研究》，科学出版社 2005 年版。
② ［日］户坂润：《户坂润全集》第 3 卷，劲草书屋 1966 年版。

应有的作用，只有在规范地、可靠地履行某种职能，工具才能在某种程度上独立出来，否则，它就没有任何意义。无论是哪一种知识都不能独立或游离于当时的环境之外，因为工具只能处理此前选择好的对象，而选择是需要操作者的。这样，这种工具的可靠程度就要随工具的更新和使用者的水平而相应做出调整，完全独立的工具是不存在的，这种独立性因而具有历史性，是一种可调整的理想，它既受商业利益的驱动，也受认知动力的推动。

（三）根据技术客体的二重性，可分为技术结构的知识和技术功能的知识。前者关系到技术人造物的物理的（或结构的）属性；后者则与人如何成功地使用人造物相关联。

荷兰代夫特理工大学的 W. Houkes 教授对技术功能的知识作了分析研究。作者提出，不论是偶然的还是恰当的功能的知识，在内在的标准中都有一个独特的属性，即它们是与人如何成功地使用人造物相关联。提出在功能的知识和计划的知识之间存在着密切的关系，由此人们能够把人造物的使用和功能的知识隶属于实践理性的标准。认知一个人造物作为手段对于一个结果所起的可能的和适当的作用取决于认知理性将要做的事情是什么。所有人造物功能的证据的资源，包括自然的特性、为一人或多人成功地使用以及人造物被设计的实际情况，都可以根据通过一个人造物增加某人理性活动的机会而得到解释。由此认为适当的功能知识需要其他的更强有力的说明而非偶然的功能知识。

技术知识在自己的综合中给我们提供了下列理论模型：第一，结构相似的技术手段和装备具有同样的功能作用；第二，以这些技术手段职能的发挥为基础的工艺过程；第三，技术客体的某些重要特征、参数。由于技术设备的职能比较"严格地"从属于它们的结构，同时，相对于技术设备的物质基质和运用它们的条件来说，结构和职能又具有一定的独立性。这样，在建造技术系统时，就能够

在一定程度上脱离技术设备的物质基质，即同样的职能可以用不同
的自然物质而有时可以用人工合成的具有一定性质的材料的一定结
构来完成。所以，结构—工艺知识是把技术知识划分为各种专门科
学的基础。

（四）根据知识的表达力可分为明言知识与难言知识。技术知识
中难言知识与明言知识的区分并不是绝对的，二者是可以转化的。

根据波兰尼的默会理论，知识可以分为明言知识与难言知识。
如图1所示，① 明言知识属于描述性的（描述事物是什么）和规范
性的（规定应如何达到欲想的目标）正规知识，可以在个体间以一
种系统的方法加以传达，而难言知识则是未加编码或难以编码、高
度个人化的程序性知识，它依赖于个体的体验、直觉和洞察力，植
根于行为本身，个体受环境约束，难言知识的最终获得，只能依靠
个人实践，如"用中学"、"干中学"，不断的试错，最终实现程序
性的表达。

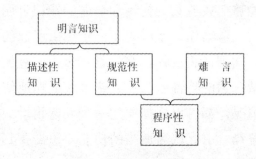

图1　技术知识的分类

与明言知识的客观性相比，难言知识更强调其个体性及主观性。
明言知识可以通过文字记录和传播，而明言知识则不行。明言知识
具有是理性的、顺序的、思维的、数字的、理论的等特征，与之相

---

① 陈凡主编：《技术与哲学研究》第1卷，辽宁人民出版社2004年版。

对，难言知识的特征则表现为经验的、即时的、身体的、模拟的和实践的。

技术发展的过程可以被看作难言技术知识不断向明言技术知识转化和新的难言技术知识不断产生的过程。反过来，明言知识的增长是一个难言过程，明言知识的应用和理解也依赖于难言知识。

难言知识是相对明言知识而言的，如果要做一个比喻的话，明言知识不过是树的果实，而难言知识是给大树提供营养的树根。难言知识是智力资本，存在于所有者潜在的素质中，与所有者的经历、修养、知识层次、创新意识等抽象的内在因素有关系，是个人或者说个体长期积累和创造的结果，是一种难以用语言表达，也难以收集、交流和传播的知识。

二、技术知识和标准化问题

从上述的分析可以看出，技术知识有不同的分类标准，技术知识按照不同的分类标准可以分为不同的类型。关于技术知识的分类，还可以从历史的、设计的、方法论的、对人造物的哲学反思和人机互动等视角进行研究。

技术知识有不同的分类标准。如根据知识的不同载体可以把不同类型知识分为建立在信仰基础上的知识和建立在非信仰基础上的知识，前者主要有叙述性的知识，后者主要有约定的知识、直觉的知识、以行为为基础的知识，工具基础上的知识和绘图基础上的知识等类型。

如 D. 麦肯兹等人在"自然类型理论"（那些表面上只适用于自然的世界，或真实的事物的理论，如文森特的超音速理论）和"社会类型理论"（那些应用于人类或社会的行为并因人类在活动中认为它是真的而表现为真实的理论，如有效的市场假说等），都是从技术知识的本体论的作用人手对技术知识进行分类，没有考虑到人类活动中的技术实际上是一个社会和自然的混合网络，从而存在着不少问题。

另外从人机互动的视角研究机器使用者的智力知识的结构问题，如埃德霍温理工大学的学者 M. Rauterberg 教授对基本的设计问题进行了分析，划分出设计者的智力模式和使用者的智力模式，前者具有意向性的语义，后者具有知觉的语义。

澳大利亚 Sydney 大学的 J. Gero 教授则阐述了作为表明技术知识背景的设计过程模式的发展，其中人们假定这些技术知识对设计者或支撑设计的设计系统是可行的。设计是一种活动，在这一过程中，设计者用某种活动以改变环境。通过观察和阐释活动的结果，它们可以接着对环境做出新的活动。这意味着设计者的观念能根据他们所看到的而改变。我们可以谈论一个再次发生的过程，一个"制造和观察之间的互动。"这种设计者和环境之间的互动强烈地决定着设计过程，这种思想被称为"情境性"。为进一步研究这一过程，Gero 教授等人提出了设计的"情境 FBS 模式"，作者正是以这种理论为基础，对设计所需要的技术知识做了讨论。

从一种设计的方法论的视角对技术知识进行分类，有八种设计的知识，它们是：第一种：公式化的知识；第二种：合成的知识；第三种：分析的知识；第四种：评估的知识；第五种：纪录的知识；第六种：重新公式化的第一种类型 的知识；第七种：重新公式化的第二种类型的知识；第八种：重新公式化的第三种类型的知识。

从一种历史的视角对技术知识进行分类，以极其详实、生动的技术史资料，阐述从历史的角度研究技术知识的必要性及以往在这一领域研究的局限性。技术史应与历史上的其他学科如历史社会学、社会建构论、人机理论、进化认识论和进化经济学等相互借鉴与沟通，因为"专业的"技术史的源初的智力的和认识论的因素，在它五十年前开始出现时就通过它所赖产生的社会历史条件存在了，这种环境在人们对科学和技术的关系极其关注之前就已非常明了，而现在人们往往视其为一种历史的偶然性，往往认为技术史是依赖科学史而产生的。技术研究中历史性的缺乏，一方面使人们形成技术发展依赖科学进步的观念，另一方面也形成了技术批判主义者如芒福德等人对技术的抽象的理解，以及美国政府或某些科学家对技术的盲目乐观态度。主要代表是美国卡内基·梅隆大学的学者 E-. Constant 教授。

代尔夫特理工大学的 M. Fransson 教授探讨了技术人造物及其包含的各种形式的标准化问题，他研究了人工物的功能产生的不同方式和与之相关的标准。作者采用一种行为——理论的视角，论证了关于人工物的标准叙述可直接追溯到技术标准化的两个来源，即为达到一个目标而使用一种人造物的实践理性，和在做出一个承诺或给人一个建议是被人信任的道德义务，并部分地涉及"好的设计"的观念，这个观念至今未被人们分析，但可以证明它也能够还原到标准化的这两个基本的来源中去。

在知识的分类问题上当前的分类标准对技术知识的是否适应，很值得我们思考。知识理论需拓展它的视野和范围，就必须解决知识的分类以及合适的分类标准，以便对那些不适合"证实的真的信念"范式的知识的类型做出思考，这将提高我们对技术、对工程师工作的方式、对工程师是应如何受教育的理解。

三、技术知识的整合

（一）知识的整合

知识的整合是技术的一个非常重要的方面，知识的整合有两种，一种是根据相同级别不同技术进行的整合，可以称之为一种多学科的方法：另一种是基于不同的系统，例如物质的和过程的知识合并成各种成份，再合并成一个系统，可以称之为系统的技术。后一种也可合并社会——技术的和财政的方面。很明显，整合者可以是不同技术中的专家。这意味着整合需要抽象和有效的概述。人为的"自动的"、"整合的"知识不存在终端，而只是为知识整合的输入和输出而形成的知识，分析了知识的整合和整合的知识是不同的问题。

埃德霍温理工大学的 M. Vries 教授对技术发展过程中整合知识的不同方式做了区分，认为技术发展中知识整合可以有三种形式，其一是不同类型的知识之间的整合，其二是不同体系的级别知识之间的整合，其三是不同学科的知识之间、"整合的"知识产生的知识形式出现，而不是以新产品和创新本身出现。他在前人分析得出的六种类型：即百科全书式的、背景化的、共享的、合作的，普遍化的和整合的交叉学科的基础上，认为这种划分只有极少一部分涉及了不同学科间的知识整合问题，因而需要根据知识整合界定第七种类型。提出了评价成功的和不成功的知识整合的标准问题，这就是通过审视通过知识整合而设计的产品的成功和失败来检验，已经有许多案例表明这种方法是可行的。因此为检验知识整合的成功还是失败而建立一套更精确的标准是必要的。知识整合从不同学科的知识整合意义上与交叉学科的概念密切相关。

（二）整合的知识

美国 Nebraska –Lincoln 大学的 R. Audi 教授从一种分析的视角研究了技术知识和标准化问题。他首先分析了知识的不同类型，把知识划分为技术知识、科学知识和日常知识，区分了技术中的知识和关于技术的知识、判断的知识和行为的知识，对"技术的实践者"、"技巧"等名词做了细微的理解，划分了内部的和外部的技术知识，阐述了科学知识和技术知识之间的联系。

荷兰菲利浦研究实验室的梅耶（F. Meijer）先生就工程（技术）知识的发展和管理问题从自己的工作经历出发提出了独特的理解。菲利浦研究实验室对公司而言又是一个知识中心。多年强烈地与技术发展而非与商业的发展和市场份额相关。这样的结果是研究结果更多地是以新产品赖以的整合。作者不赞同他人"自动的"存在终端的思想，而阐述了为知识整合的输入和输出而形成的知识，分析了知识的整合和整合的知识问题。

他认为，菲利浦研究实验室在88年的时间里作为一个发明的源泉存在着，从而导致了一批专利的问世。这使菲利浦公司能自由地生产并在世界范围内销售他们的产品。生产许可证和交叉许可证协议的价值对研究成本起到了平衡作用。另外，菲利浦研究中关键的技术专利被频繁地调整，研究更为基于不同的系统，例如物质的和过程的知识合并成各种成份，再合并成一个系统，可以称之为系统的技术。后一种也可合并社会——技术的和财政的方面。很明显，整合者可以是不同技术中的专家。这意味着整合需要抽象和有效的概述。菲利浦研究实验室作为一个机构在知识的整合上一直非常有效，它具有卓越的基础科学和较好的技术研究。为了管理关键的技术专利和知识的整合，使用了许多管理手段，但是，最重要的它是一个培养具有正确理论和经验技能的人的组织。

第四节　技术知识的价值

一、知识的价值

认识角度不同，对知识的定义也不一样。从语义学的角度讲，

"知识"这个词在汉语中有三种解释："一是个人通过学习、研究或经历所获得的学识；二是人类在实践中积累起来的认识成果；三是学或教的东西。"① 在英语中表述为"knowledge"，也是指"知识、学闻与见闻"。② 认识论的定义：知识就是认识（意识）；知识是经验的结果；知识是对意识的反映；知识是观念的总和。本体论的知识定义：知识乃是大自然"自我反馈"的物质手段；知识又是人类向大自然索取馈赠的有力工具；知识乃是人类大脑对客观规律的反映；知识又是大自然进化到一定阶段所造成的文明资源。经济学的定义：知识是具有价值和使用价值的人类劳动产品；知识是一种资本。信息论的定义：知识是同类信息的积累，是为有助于实现某种特定的目的而抽象化和一般化了的信息。此外，还有社会学、逻辑学、情报学等学科对知识的定义。总之，知识是一个内涵十分丰富、外延十分广泛的概念。对于知识的认识还有一个重要的角度，即时间维度的分析。知识既可以看作是一种实体生产要素，也可以看作是一种过程。一般地，当对知识进行分类和测度的时候，我们较为注重的是知识的实体性，而当我们关注于知识的创造、传播、学习和应用时，所涉及的是知识的过程性。美国学者维娜·艾莉（Verna Allee）认为："知识是'不定型物'，是神话中能呈现多种形状的精灵。它一直在变化。它是有机的而不是机械的。"③ 这是一种动态的观点。动态知识在近些年的知识经济、知识管理的研究中受到了重视，尤其是在国家创新体系研究中，对国家宏观层次的知识流的分类以及测度进行了研究，但就知识流自身还没有形成一个公认的概念框架。一般而言，人们普遍关注组织与其外部世界之间的知识流动的渠道，如果把组织比喻为一个大水池，那么组织的知识存量就

---

① 现代汉语辞海编委会编：《辞海（现代汉语）》，山西教育出版社2002年版。
② 《牛津现代高级英汉双解词典》，山西人民出版社1989年版。
③ 郁义鸿著：《知识管理与组织创新》，复旦大学出版社2001年版。

好比水池中的水量，知识流就像水流，水流的流通由入水口水龙头和出水口的开关来决定。当由水龙头流入的水量大于从出水口流出的水量时，水池中的水量就增加，反之就减少。

价值最初系经济学概念，指凝结在商品中的一般的、无差别的人类劳动。为商品基本属性之一。在质上完全相同的价值，是商品的社会属性，体现着商品生产者之间的社会联系。商品中的价值由生产商品的社会必要劳动埋单决定。后这一概念泛化到哲学、伦理学、社会学、美学等学科。西方社会学家将价值看作是一种受到社会制约的愿望的不易获得的目的物，它分配不平均，有不同等级区别，并认为价值对于每一个个人来说是给定的数据，而且迫使社会行为指向价值。在美学、伦理学、认识论中，价值常与功利联系在一起。指能带给人们的某种实际功效或利益。马克思主义哲学认为，真、善、美是统一的，最基本的是"真"。真理对人类的活动具有价值效应，即通常所说有用。但是，真理的有用性来源于它的客观性，即对客观事物及其本质和规律的正确反映。在社会历史领域内，唯物史观认为不能离开社会发展的具体情况，离开人的社会中的劳动，离开人同他人、集体、阶级和社会的关系，抽象地孤立地谈论人的价值。在社会主义社会中的个人和社会关系上，人的价值包括两方面内容，即社会对个人的尊重和满足；个人对社会的责任和贡献。①

从柏拉图起，就开始探讨人生的价值问题。从 19 世纪末起，一些哲学家在广泛的和一般哲学的意义上来理解价值概念，从而形成价值哲学。法国哲学家拉皮埃首先明确使用价值哲学这一术语。现代西方的许多哲学流派都研究价值哲学。他们研究了坐的性质、分类、标准，价值与科学所研究的事实的关系等问题，提出了各自的看法，但他们有的否定价值以客体的一定属性为客观基础，有的把

---

① 金炳华等编：《哲学大辞典（修订本）》，上海辞书出版社 2001 年版。

价值看作是某种超现实的、超验的规范或本质，有的否定价值的社会性和历史性。马克思哲学认为价值的本质是现实的人同满足其某种需要的客体的属性之间的一种关系，任何价值都有其客观的基础和源泉，具有客观性。价值虽然不单纯是客体属性的反映，但它又是对客体属性的一种评价和应用。价值是人的某种需要同满足这种需要的客体属性的特定方面交接点，人和客体之间的价值关系，是在现实的人同客体的实际的相互作用过程中，即在社会实践中确立的。只有通过社会实践，人们才能发现客体事物及其属性对自己的实际意义，并自觉地建立起同客观事物之间现实的价值关系。同时，只有通过社会实践活动，人们才能实际地发现和掌握关于客观事物的属性的使用方式，使客观事物有益于人的那些方面，以为人所需要的形式为人们所占有，亦即使它们的价值得以实现。因此，实践的观点是理解各种价值现象的钥匙。价值也具有社会历史性。价值与人们受一定社会历史条件所制约的需要、利益、兴趣、愿望密切相关。

二、技术与价值

涉及应用，技术的价值论问题就凸显了。因而在对广义的技术作哲学分析的研究中，技术价值论的研究是必要的。尤其是到了 20 世纪，随着技术迅猛发展及大规模应用，技术应用产生的负效应越来越严重，技术伦理问题引起了人们的关注，技术价值论的研究越来越受到重视。不过，在广义的技术中，虽然包含了"建造"过程，但发明仍然是它的核心。没有技术发明，技术就不可能发展；没有技术发明，就无所谓技术的应用。对广义的技术进行的哲学分析，首先应该关注的仍然是它的核心问题，即技术发明的问题。同时，技术发明又是一个复杂的过程。技术发明是怎样出现的？技术发明有什么规律可循？对这些问题应作深入的分析研究。因此对广义的技术进行哲学研究，技术认识论仍然是它的重点。至于把技术价值论作为技术哲学研究的核心问题，持这种观点的学者对技术的概念也有他们的见解。陈昌曙教授认为技术的最基本特征是它的功能特征，他认为技术是物质、能量、信息的人工转换。① 认为"技术"就是设计、制造、调整、运作和监控人工过程或活动的本身，并强调指出："技术问题不是认识问题，而是实践问题。"②

"技术价值论"认为，"技术本身负荷着特定的社会中的人的价值，技术在政治上、伦理上和文化上不是中立的"，技术本身"内含着一定的好坏、善恶以及对错之类的价值取向与价值判断"。③ 何以如此呢？从技术自然属性是一种关系属性的认识来解读，这是因为：技术是在人与自然的关系活动中生成的，技术生成作为一种人的有目的性活动，技术创造者必然要把自己的具有"好坏、善恶以及对错"之间性质的主观目的以具体的物质性因素（技术的物质性构成）及其运动样式（技术的操作性规程）赋予生成中的技术以及技术的自然属性（在技术生成中，技术创造者把技术自然属性中的自然规律通过"物'与"物'的相互作用"转化'，为了合人的目的性的自然规律）。"④ 也就是说，技术作为一种人与自然关系活动的"产物"，技术自然属性作为一种关系属性，技术以及技术自然属性必然荷载了人的价值。

技术的价值负荷性有以下一些观点：

第一种：技术是价值中立的，或是与价值无关的：技术只是工具或手段，在政治、文化、伦理上是中立的，无所谓是非、善恶之

① 陈红兵、陈昌曙：《关于"技术是什么"的对话》，载《自然辩证法研究》，2001 年第 4 期。
② 陈昌曙、远德玉：《也谈技术哲学的研究纲领》，载《自然辩证法研究》，2001 年第 7 期。
③ 郭冲辰等：《论技术的价值形态与众负荷》，载《自然辩证法研究》，2002 年第 5 期。
④ 邹成效：《技术生成的分析》，载《自然辩证法研究》，2004 年第 3 期。

分，超越社会历史。亚斯贝斯认为，"技术在本质上既非善的，也非恶的，而是既可用以为善，又可用以为恶。……只有人赋予技术以意义。"萨克斯指出，"技术只是方法，只是工具，技术行为的目的问题总是存在于技术之外。"

第二种：技术是价值负荷的：技术不仅仅是方法或手段，它负荷着特定社会中人的价值，因而在政治、文化、伦理上并不是中立的，可以对技术作出是非、善恶的价值判断。麦吉恩论证说，技术是为了实现一定的目标；技术是乐观主义的；技术加剧资源滥用；技术制度化；技术对个人意愿、情趣、性情和世界观的压制、死板化。

第三种：技术的某些方面是价值中立的，另一些方面是价值负荷的。克兰兹贝格认为，"技术既不是好的，也不是坏的，又不是中立的"。拉普认为，技术在方法论上是中立的，但在事实、心理、社会上不是中立的。技术作为知识形态是价值中立的，但作为活动、过程、产品及产品的运用是价值负荷的。原子能技术知识是中性的，但和平利用原子能和制造原子弹是具有不同价值的活动或过程，原子弹在大规模地不分青红皂白地杀人这个意义上是"恶"的。用于正义战争还是非正义战争又有不同的价值。技术活动或过程是社会建构的，而技术又将社会置于一定的框架内（海德格尔）。

第四种：技术是工具性与价值负荷性的统一：豪华轿车可以用来运载车主人，也可以用来标志车主人的地位和身份。

问题是：技术如何负荷价值？价值从何而来？一是来自社会文化情境，技术不能摆脱社会文化情境，技术与社会文化情境不可分割地纠缠在一起。二是来自本身，技术将社会的一切"装框"。

人类基因工程进一步表明技术的价值负荷性。某些技术可以先研究，然后再讨论应用它的社会后果问题。但对人类基因工程，不解决它提出的科学本身不能解决的挑战，便不能前进。某些技术，它的正负价值可以分开，如汽车是方便的运输工具，但它带来污染和引起事故。但人类基因工程将健康与疾病的两分法，变为再加上一个对疾病"易感性"的三分法。三分法使我们有可能预防疾病，但可能扩大"异常"的范围，适应这种扩大，社会、政治和专业机构的结构和目标必须调整。生物学的"异常"可能导致"社会"的异常，被人轻视、歧视；也可能社会异常（如种族主义）用生物学异常来辩护。

技术知识除了具有本体论的作用之外，还有价值论的和意识形态的作用，值得我们关注的是技术的认知价值一直都没有受到研究者的重视，而在当代的技术反思活动中，已经有人提出并着手这一领域的研究。

技术认识的基本特征有：科学性。这是指技术认识要以科学的规律为依据，它是实现技术认识目的必要的前提。价值性。这是指技术认识是按照人的需要认识与改变自然的活动，当人的需要改变时，人们创造的人为事物也随之改变。实践性。这是指技术认识过程中最终要落实到改造现存事物，以适合人们的需要上，它具有明确的实践指向性。综合性。这是指技术认识一般要运用多个学科的知识去解决技术实践中的问题，这种综合性和复杂性反映出技术认识和科学认识在思维方式上的不同特点，即前者偏重于综合，而后者偏重于分析。实用性。这是指技术认识是为了满足一定的实践需要，"目的"已成为技术认识的内在要素，成为技术能否达到要求的必要指标。

三、技术知识的认知价值

认知价值是指知识、科学、理论等认识活动成果对认识本身的价值。科学认识的基本价值在于发现真理，在于科学观念"内在的完备"和"外在的证实"的增长。认识论价值是理性的价值。这种理性价值表现为两个相互联系的方面：满足对外部世界和人自己的了解，这本身已经成为人的一种普遍的基本的需要。因此，获得知识在一定程度上本身就是人的一种目的，达到这种目的，就具有精神享受价值，同时，知识的精神价值还不止于此。获得的知识及其方法，还不断地积淀为人的精神能力，如感受能力、理解能力、抽象能力、逻辑推理能力和判断能力等等。这种精神能力的不断提高，比获得知识本身具有更深远的意义。另外，它是人类进行一切实践活动、创造一切价值的根本性条件，从这个意义上来说，提高人的精神能力和思维能力，是手段和条件，它具有无比巨大的精神生产价值。我们通常指出某一知识或思想具有"认识价值"、"科学价值"或"理论价值"等，往往同时包含着上述两个意思。其中更重要的是指它的精神生产价值，技术知识的不断发展，新技术的不断突破，人类思维能力的不断提高本身，有着更持久、更全面、更绝对的意义。

技术知识的认知价值在于：第一，它是一种先于技术存在的知识，对实践具有直接的指导作用，使人们真切意识到"知识就是力量"。技术知识所要实现的对象人为的物质事物或人造的物质事物，是人工自然或"第二自然"。这些事物是在人的目的、计划、方案亦即技术知识的指导人创造出来的。所以，技术知识是先于技术存在的，是对技术存在的观念创造，[①] 是认识向实践转化的环节，它对实践具有直接的指导作用，实践者可以直接根据这些知识进行技术创造活动。第二，它是具有意会性的知识，其中，难言知识对技术知识的认知有着不可估量的作用。隐性知识是创新的源泉，彼得·德鲁克说："管理的核心是使知识产生生产力。"[②]组织本身不会创造知

---

① 张斌：《技术知识论》，中国人民大学出版社 1994 年版。

② ［美］尼考拉斯·莱斯切尔著：《认识经济论》，王晓秦译，江西教育出版社 1999 年版。

识，只有通过隐性知识与明言知识之间的相互转化过程，才能实现更高层次的知识创新。一方面组织必须促进个人隐性知识的创造和积累，另一方面还要实现隐性知识的社会化和综合过程，从而将知识从低层次向高层次扩展，实现知识螺旋上升的过程，也就是知识创新。知识创新转化的动因和催化剂是技术创新，技术创新在知识创新转化过程中起着主导作用，知识转化是技术创新的核心基础。由此所形成的各类知识的动态转换与流动，为技术创新提供了数据、信息及由此所形成的智慧，同时，也在人类学习能力不断提升和动态调整的过程中实现了技术创新能力的持续发展与改进。第三，知识的价值在于流动与作用，技术知识也不例外。从动态的技术观念入手，有利于技术在知识流动过程中被充分利用，为技术创新开辟道路。

第三章　技术实践

第一节　技术实践的哲学渊源

一、古希腊哲学中的"技术"与"实践"

苏格拉底和柏拉图最早使用过"技术"这个词，他们基于把"技术"理解为人造就自己的道德知识和品质的一种技艺来使用。苏格拉底所讨论的技术，是为达到善的目的而提到的。这一点，与亚里士多德的"实践"意义有所联系。亚里士多德曾讲过，"每种技艺与研究，同样的，人的每种实践与选择，都以某种善为目的。所以有人就说，所有事物都以善为目的。"①

在西方哲学史上，亚里士多德最先把人确认为"实践"的主体，并率先把"实践"提炼为反思人类行为的重要的哲学范畴。他在《形而上学》和《尼各马可伦理学》中，把人的活动分为"理论的"、"制作的"和"实践的"三种主要形式。在他看来，"理论的"是理智把握事物的真或者确定性的一种活动形式，是对不变的必然

---

① 亚里士多德著：《尼各马可伦理学》，廖申白译，商务印书馆 2003 年版。

的事物或者事物的本性的思考活动；"制作的"是理智获得那些不仅可以变化而且可以制作的事物相关的确定性的一种活动形式，是使某事物生成的活动；"实践的"则是人对可因自身的努力而改变事物的、基于某种善的目的所进行的活动。他认为，制作的目的是在活动本身之外的，不为活动自身所占有；而实践的目的则是实践行为自身的充实的存在，是一种内在的目的，为活动自身所占有。但是，他由此把技术和实践割裂开来，断言"制作不同于实践"；"实践不是一种制作，制作也不是一种实践"。[①] 他把技术、生产劳动排除于实践之外，他的所谓"实践"关注的是人的伦理道德行为和政治行为。

可见，自古希腊哲学始，"技术"与"实践"即被提出，并与"理论"并行。"实践"涉及人生的意义与价值，而"技术"只关心人的欲望与需要的满足。而另一方面，由于技术就其含义来说，涉及制作和生产上的实用性的技艺，所以，"技术"从属于"知识"。不同之处在于，前者是指实用性的、个别性的经验；后者是指抽象化、普遍化的理论；理论则是最高的实践。由此我们可以得出，实践是摆脱了自然需要的真正自由的行动，而技术却正是为了满足生存的自然需要而受制于自然必然性的行为。实践与技术之间彼此渗透却又有根本的区别。

二、近现代西方思想中的"技术"与"实践"

康德比他的先辈更集中地研究了实践问题，对实践概念作了严格规定：实践是理性规定意志并通过意志达到目的的活动。他提出了"两种实践"的学说，即把"遵循自然概念的实践"称为

---

① 亚里士多德著：《尼各马可伦理学》，廖申白译，商务印书馆 2003 年版。

"技术上实践"，把"按照自由概念的实践"称为"道德上实践"，说："如果规定因果关系的概念是一个自然的概念，那么这些原因就是技术上实践的；但如果它是一个自由的概念，那么这些原则就是道德上实践的。"① 康德还指出，"遵循自然概念的实践"属于现象领域和认识论；"按照自由概念的实践"属于物自体领域和本体论。他认为这两个概念同等重要，并列构成实践的完整的内涵。但由于他把理性的理论运用与实践运用截然分开，造成了理论理性与实践理性的分立，因而未能理解"实践理性优越于理论理性"的真正意义。

在康德哲学中的"技术上实践"，等同于亚里士多德所谓的"制作"、"技艺"，它从属于"理论"。在康德的哲学体系中真正与道德王国可以"并列"的也只有科学王国。因此，康德对于技术的重要性，是在科学的权威基础上来谈的。另外，康德认为，那些出于自然本能或世俗的愿望去追求幸福的行为，仍然属于"技术上实践"的范围。对他来说，只有奠基于先验的道德法则的行为，才是真正的"道德上实践"。康德在《判断力批判》的导论中指出，"哲学被划分为在原则上完全不同的两个部分，即作为自然哲学的理论部分和作为道德哲学的实践部分（因为理性根据自由概念所做的实践立法就是这样被称呼的），这是有道理的。但迄今为止，在以这些术语来划分不同的原则、又以这些原则来划分哲学方面，流行着一种很多的误用：由于人们把按照自然概念的实践和按照自由概念的实践等同起来，这样就在理论哲学和实践哲学这些相同的名称下进行了一种划分，通过这种划分事实上什么也没有划分出来（因为这两部分可以拥有同一些原则）。"②

---

① 康德著：《判断力批判》，邓晓芒译，人民出版社2002年版。
② 康德著：《判断力批判》，邓晓芒译，人民出版社2002年版。

　　由此可见，亚里士多德意义上的"技术"与"实践"的关系，在近代西方思想中已从三者的关系，演变成为两者，即理论与实践。实践成为日常意义上的一个词，在某种意义上实践等同于生产、技术。在哲学意义上，理论与实践的关系也发生了很大的转变。理论不再是最高的实践，而变成与实践相对的一个概念。原初意义上的实践的世界几乎被近代哲学家们遗忘，其后果是失去了意义和价值的思考。汉娜·阿伦特（Arendt Hannah）在其名著《人类的状况》（1958）中就曾这样分析，正是从近代开始，人不再被看作是"政治动物"，而被看作是"经济动物"。

　　对于康德提出的关于技术与实践的问题，他的后继者们也做出了不同的解释。黑格尔明确肯定实践包括生产、技术活动，批判了康德割裂主体与客体、理论与实践的关系，从主体与客体的辩证统一中理解实践，提出了"实践包含并高于理论"的思想。但黑格尔的实践观有着根本的局限性，他把人类的一切实践活动都归结为绝对理念精神活动的环节。恩格斯在黑格尔思想的影响下，在《路德维希·费尔巴哈和德国古典哲学的终结》中指出："对这些以及其他所有的哲学怪论的最令人信服的驳斥是实践，即实验和工业。"① 也就是说，恩格斯是从认识论的角度去理解康德的思想，他主要从"技术的实践"的角度来看待并使用实践概念。

　　20世纪上半叶德国最有影响的技术哲学家德绍尔通过对古希腊哲学家的技术概念的分析，提出以人类实践活动的技术弥补单纯的认识活动科学和审美活动艺术的缺陷，提出了"第四王国"即技术王国，来解决康德问题。"第四王国是指全部已存的解决方案形成的总和。这些方案的形成不是根据康德的划分将其称之为第四王国"。②

---

① 《马克思恩格斯选集》第4卷，人民出版社1972年版。
② Friedrich Dessauer. Streit um die Technik. Frankfurt. 1956：159.

他对康德三大批判关于科学、道德和艺术三个王国的思想做了引申，用技术王国的思想，回答了技术发明是如何可能的问题，重申了技术发明的本质在于对预先存在于自然界的技术可能性的发现。对德绍尔来说，对技术的追求具有康德的绝对命令或神的命令的特点，技术成了一种宗教经验——而宗教经验又具有技术的含义。

哈贝马斯（J. Habermas）在它的代表作《作为意识形态的技术与科学》中，从劳动和相互作用的根本区别出发，认为，在当代资本主义社会中，由于科学技术本身成了意识形态，以合理性为基础的"技术规则"排斥以行动主体之间的相互理解和承认为基础的"规范"。他这里所指的劳动，即康德意义上的"技术上实践"，而相互作用也可以理解为"道德上实践"。他指出："过去，理论可以通过教育成为实践的力量；今天，我们所研究的理论，能够在脱离实践的情况下，即同生活在一起的人的行动明显不相关联的情况下，发展成为技术力量。"① 哈贝马斯对于实践的理解是基于一种狭义的、只认同康德划分的"道德上实践"的理解。他认为技术意义上的实践，排斥道德意义上的实践。因此，常常直接把"技术"与"实践"这两个概念对立起来，"技术同实践之间存在着一种富有讽刺意味的关系"②，对于这种认识，在当代实践哲学的倡导者伽达默尔（H. G. Gadamer）那里也有明确的体现。

伽达默尔认为，实践是活的存在物的特征，它存在于行动和固定化（situatedness）之间，它与其说是生活的动力，不如说是与生活相联系的一切活着的东西，它是一种生活方式，一种被某种方式（bios）所引导的生活。③ 与哈贝马斯不同，伽达默尔区分了实践理性与技术理性的概念，从另一个角度论证了技术统治社会的观念使

---

① ［德］哈贝马斯：《作为"意识形态"的技术与科学》，学林出版社 1999 年版。
② ［德］哈贝马斯：《作为"意识形态"的技术与科学》，学林出版社 1999 年版。
③ ［德］伽达默尔：《科学时代的理性》，薛华等译，国际文化出版社公司 1988 年版。

得实践堕落为技术，社会理性堕落为社会非理性。二十世纪以来，技术知识开始从掌握自然力量扩转为掌握社会生活，"专家在技术起支配作用的过程中成为一个必不可少的人物。他已代替了旧时代的手工匠。但是这个专家还被认为可代替实际的和政治的经验。"① 在这种情况下，对实践概念真正意义进行哲学反思就具有非常重要的理论意义和现实意义。从伽达默尔的思想中，我们可以得到这样的结论：我们这个世界面临的最主要问题是随着技术对生活的全面统治，实践与实践的智慧正在逐渐消失。在此，我们可以看到，由于当代技术的统治地位越来越突出，使得哈贝马斯以及伽达默尔等人都从康德的"实践二分"的概念走向把技术与实践对立，从而缩小了康德意义上的"技术实践"的范围，更多的从道德实践概念上对技术进行深刻的反思。

三、"技术实践"概念的提出

在批判吸收前人成果的基础上，英国著名技术哲学家 A. 佩斯（Anold Pacey）在《技术的文化》（1983）一书中基于实践是一个普遍范畴的认识，明确地提出了"技术实践"的概念，将技术实践定义为："科学和其他知识通过包括人、组织、生物体和机器等在内的有序系统而对实际事物的应用"。用以概括技术的各个方面，包括技艺、组织、文化三个方面。技艺方面主要指知识、技能与技艺，工具、机器，化学制品、资源产品与废物等；组织方面主要指经济活动与工业活动，专业活动，使用者与消费者等；文化方面主要指目标，价值观和伦理规范，对进步的信念，意识和创造性等。他指出，既然技术在本质上是实践的，那么"希望有一种与社会、与文化无

---

① ［德］伽达默尔：《科学时代的理性》，薛华等译，国际文化出版社公司1988年版。

关的技术，只能是妄想"。① 他强调，如果将实践这个概念用于技术的所有分支，我们对技术就会有更多更清楚的理解。这样，"我们就能更好地看到技术的哪些方面与文化价值相联系，哪些方面在某种意义上是独立于价值的，我们就能更好地把技术看作一种人类活动，而且还可以认为它涉及组织的和非精确的价值观所特有的模式。"② 由此，他批判和否定了技术价值中立说的观点。

伊曼纽尔·梅因（E. Mesthene）把技术描述是"为了实践目标的实现的知识的组织"；米切姆在提出技术与思想关系的基础上，指出技术思想固有的实践性，提示了生活世界，而这个生活世界的一般联系在世界观意义上显然具有哲学性质。"由于这些思想的实践性体现在这种意识中，所以对其明显的技术思想的质疑具有不同的特点。技术内部的假设，通常不是技术理论是真的，而是技术理论行得通以及它们所起的作用是好的或有用的。对这种作用及其有用性进行质疑，对技术活动的实践性或道德状况以及技术活动的结果和它们所依据的思想提出疑问或感到疑惑，就是要发展关于技术的思想而不只是发展技术的理论。"③ 皮特根据从科学引申而来的社会因素与实践因素，提出技术首先应该具有社会向度，与社会的人分不开；又具有实践向度，技术是工具的应用。从而给技术下定义为：技术是"人类在劳动"（humanity at work）。伊德以现象学为进入技术哲学的突破口，对于人类与技术的四种基本关系进行了剥离与提升，从而使我们更深刻地理解技术的实践本质。

国内也有学者对"技术实践"的涵义进行了解析，把"技术实践"理解为"掌握技术的人所从事的改造自然、重塑或创造物质环

① Anold Pacey. The Culture of Technology. Basil Blackwell Publisher Limited. 1983：10
② Anold Pacey. The Culture of Technology. Basil Blackwell Publisher Limited. 1983：4.
③ ［德］卡尔·米切姆：《技术哲学概论》，殷登祥等译，天津科学技术出版社1999年版。

境的有组织的活动。"① 指出："在技术实践中,人作为技术主体必须具备两个条件:(1)技术目的、知识和方法负荷,即他具有确定的技术目标,并具有技术运用、操作和创新方面的知识和方法;(2)价值负荷,即他是处于特定社会 – 历史 – 文化中的人,他的技术行为方式受到特定社会 – 历史 – 文化因素的制约。技术客体是指技术实践中与主体相对应的、客观性的东西,如材料、能源、产品等。技术客体并不是指任意的物质客体,而是由技术内容所限定的,即由技术目的、知识、方法等因素限定。"②

也有人从技术的要素分析得到技术实践的一个广义的定义,即围绕技术的生成、变化和发展而进行的实践活动。认为,技术实践应包括:技术原理构思,技术物件设计,技术方法的选择与实行,工艺研究与实践,产品检验等内容,不能仅仅是科学知识的应用。③

由此可见,实践本身有两种意义,一是日常意义上的"实践",主要反映一切人类行为、行动和活动。其中,生产实践与经济概念紧密相连,更多的是从生产劳动中派生出来。二是哲学意义上的"实践",在此意义上的实践,古已有之。将"技术"与"实践"结合起来,称为技术实践的概念,是一个较为漫长的历程。所以,对于技术实践的理解,也应该分为两个层次,一是哲学意义上的技术实践,另一个是日常意义上的技术实践。我们将主要从哲学意义上对技术实践进行解析。

---

① 李海燕、姜振寰:《技术实践的基本问题》,载《自然辩证法研究》,1999 年第 3 期。
② 刘文海:《技术的政治价值》,人民出版社 1996 年版。
③ 周春彦:《科学技术化:技术时代的科学基础》,东北大学出版社 2002 年版。

四、技术实践与科学实践的异同①

科学发展为理论知识体系，并衍生出实验技术，科学实验对于科学理论的形成与发展具有非常重要的意义。首先，科学实验是科学理论的直接源泉，机械力学理论、电磁感应理论、氧化理论、热力学理论、遗传学说，本身就是科学实验的概括和总结；许多重大理论突破，如基本粒子理论、宇称不守恒定律、遗传基本理论等都是在科学实验有所进步的条件下取得的；许多科学发现，如电子、质子、中子、中微子、核酸等，都是在科学实验中发现新事实后作出的理论推断。其次，科学实验为科学理论的发展提供动力，起补充和修正的作用。电磁感应定律、导线间的作用力——安培力都是需要实验证实的。第三，科学实验是科学假说确认的客观标准。π介质假说、相对论假说、中微子假说等都是经过极为精致的科学实验验证的。

在西方，严格说来，实验科学是在 14 世纪以后兴起的，科学实验中包含着科学经验和科学观察活动，它真正地丰富了科学实践，使科学实践成为科学研究的决定性的最最重要的部分。科学实验的开路先锋伽利略所说的"我不是要人们一定信服我的话，不过求得各位详查我所做过的事"，究其实质，就是要强调实事求是的科学研究态度。科学实践的伟大意义在于它使科学研究的结果由绝对真理走向相对真理。正是科学实验将那种经院式的自然哲学彻底击败。事实上，没有第谷·布拉赫的多年天文观察，就不会有开普勒的天体运行三定律；伽利略正是在教堂大钟摆动的启发下，发现了摆的振动规律；比萨斜塔的落体实验，宣告了"重的物体比轻的物体下

---

① 周彦春：《科学技术化：技术时代的科学基础》，东北大学出版社 2002 年版。

落得快"结论的错误。现代科学更不能没有实验，有的甚至需要大型实验，像核反应、高能加速、超导超级对撞、宇宙之初模拟实验，等等。

另一方面，技术发展到现在，一部分理论化为技术科学，一部分以技术实践活动形式存在，其结果是生成现实技术（包括基本技术和进而形成的各类不同的工程技术），并服务于生产实践。

有人将技术实践定义为："科学和其他知识通过包括人、组织、生物体和机器等在内的有序系统而对实际事物的应用"[1]。显然，这一定义还没有脱离技术是应用科学的观点，未免片面。因为从技术的要素分析来看，技术实践应包括：技术原理构思，技术物件设计，技术方法的选择与实行，工艺研究与实践，产品检验等内容，不能仅仅是科学知识的应用。所以可以将技术实践概括为：围绕技术的生成、变化和发展而进行的实践活动。技术实践是人在理性的指导下的有目的的活动，人的理性通过技术手段使自然界发生形式变化，同时在自然界中实现自己的目的。在科学技术化过程中，科学实践对技术实践活动起了十分重要的作用。为了研究向题方便，首先让我们比较一下科学实践和技术实践。

科学实践与技术实践的相同之处可以概括为三点：①性质相同。都是人为地去干预控制所研究的对象，都是有意识的、有目的的人类行为。②都离不开理性的认识和引导。③在方法上有许多相同之处，如都利用工具设备，都需要精心设计，都得要控制自然过程等。

科学实践与技术实践的不同之处也可概括为三点：①目的不同。科学实验的目的是认识或确认自然规律，是在人为简化的环境中确定现象间的真实联系。技术实践的目的是发明人造物品，创造经济

---

[1] ［英］阿诺德·佩斯：《技术：实践与文化》，载《自然科学哲学问题》，1989 年第 3 期。

效益。②条件不同。科学实验尽量让科学家在自然过程表现得最确实、最少受干扰的地方考察自然过程。如有可能，则是在保证过程以其纯粹形态进行的条件下从事实验的。技术实践不是尽量创造"展现"自然过程的条件，而是尽量实现控制改造自然过程的条件。③科学实验和技术试验不同。科学实验是人们利用科学仪器、设备人为地控制和模拟自然，而技术试验是人们在技术研究中，用于检验技术设计或技术发明成果的过程和方法。实验在实验室里进行，试验有时也在实验室里进行。两者都具有检验功能。

第二节　技术的实践本性

一、技术的实践性

所谓实践性，它的最大特点在于与现实保持一致，现实处于时间流中，它永远是开放的、向前发展的，其中的规律是不以人的意志为转移的。实践性是技术的最本质、最主要的特征。

科学与技术从它们一诞生就体现了"人对自然界的理论关系和实践关系"[①]。也就是说，科学是"人对自然界的理论关系"，技术是"人对自然界的实践关系"。技术"揭示出人对自然的能力关系，人的生活的直接生产过程，以及人的社会生活条件和由此产生的精神观念的直接生产过程。"[②] 正如马克思说："哲学家们只是用不同的方式解释世界，而问题在于改变世界。"[③] 在历史上，首先把技术

---

① 《马克思恩格斯全集》第 2 卷，人民出版社 1957 年版。
② 《马克思恩格斯全集》第 23 卷，人民出版社 1972 年版。
③ 《马克思恩格斯选集》第 1 卷，人民出版社 1972 年版。

放到人类改造自然的活动即物质生产过程中去，对它进行合乎历史
发展规律的研究的是马克思，他从分析人的有目的活动或劳动本身
入手，指出："劳动首先是人和自然之间的过程，是以人自身的活动
引起，调整和控制人和自然之间的物质交换过程"，① 而劳动过程中
的"劳动资料是劳动者置于自己和劳动对象之间、用来把自己的活
动传导到劳动对象上去的物或物的综合体。"②

　　技术的实践性是指根据人的需要把自然物加工成具有某种使用
价值的人造物的活动，技术的实践性表现在两个方面：一方面表现
为技术产生于实践之中。最早出现的技术是与物质生产活动相联系
的生产技术，是劳动主体置于自己和劳动对象之间，用来把自己的
目的和意志传导到劳动对象上去，使之发生人们所期望的变化的重
要手段和联系媒介，它所处理的是人和自然的关系。同样，就广义
技术而言，其本质也体现为人对自然的认识与改造活动、人对社会
的认识与改造活动以及人对自身思维的控制与改进等活动中，是把
活动的主体（人）与活动客体（作用对象）联系起来的媒介与手
段。另一方面，技术的实践性表现为各种形态的技术只有在人的实
践活动之中才能变为现实的技术，发挥其功能。"人格化"技术、物
化形态的技术和信息形态的技术是从静态角度对技术分类的结果。
"人格化'，技术存在于人体之中，没有人的实践活动它将无法展示
自己，物化形态的技术离开人的操纵，它只是一堆铜铁，信息形态
的技术如果不能够被应用于具体的实践也不过是废纸或塑料。静态
存在的技术只是潜在的技术、可能的技术，只有将它们结合到具体
的实践活动之中，它们才能成为现实的技术。没有人会认为进入废
品回收站的机器、工程图纸也是技术。

---

① 《马克思恩格斯全集》第 23 卷，人民出版社 1972 年版。
② 《马克思恩格斯全集》第 23 卷，人民出版社 1972 年版。

二、技术是人对自然界的实践关系

由于技术的本质是人类改造自然的一种手段，是一种内在地包含着精神因素，使自然物按照人类的要求改变其存在状态、从而变为人造物的特殊物质活动，这就使技术的实践性具有了客观基础，使技术实践既区别于纯客观物质，又区别于纯主观思想，它确实是经过理性思维和现实世界结合后主观与客观统一的结晶。这种活动具有如下特征：

（一）直接现实性。技术实践虽然是有目的的活动，但不是一种仅仅停留在思想范围内的观念活动，而是指向外部世界、改变外部世界面貌的活动，它能把技术主体的技术目的通过驱动人的客观物质的驱体、使用客观物质助工具、作用于客观物质的对象产生可感知的现实的物质结果，因而具有直接现实性，使外部世界的事物和过程由自然的、"自由"的状态变得不自然、不"自由"的状态，变成朝着人所需要的方向发展的状态。如果说科学与自然发生着信息性的关系，那么，技术与自然则发生着物质性的关系。

（二）自觉能动性。技术实践虽然也是一种物质力量之间的相互作用，但作为引起物质力量之间相互作用的实践主体是有意识、能思维的人，技术实践目的的确定、方案的实施都是在人的控制之下进行的。因此，技术实践是一种有意识、有目的的主观见之于客观的创造性活动，这种活动不是对外界环境的消极适应，而是对客观世界的能动改造，它显示了技术实践活动不同于一般的动物或人的本能活动。

（三）社会历史性。技术实践活动的具体方式既有集体的活动，也有个体的活动，但不管怎样，技术实践不是由个人孤立地进行的，而是在一定的社会关系中展开的。技术实践的方向、规模、速度均与社会发生看千丝万缕的联系，技术实践的活动是整个人类社会活动中一个不可分割的组成部分。此外，在不同的历史时期，技术实践活动的具体对象、内容和水平也都不一样，每一时期的技术实践都受到当时历史条件的制约，因此，技术实践具有社会历史性。"

三、技术的理论性

技术作为连接科学与生产的桥梁，一方面是知识的应用和物化，要进行构思、设计，另一方面又直接作用于生产过程，要进行开发、制造。因此，技术创造既涉及理论问题，又涉及实践问题。由于技术实践中始终贯穿着人的主观能动性，也由于技术活动的探索性、综合性、复杂性的增强，要求人们为其提供一套改造自然、建构客体的概念、原理和方法，因而，技术必然具有一定助理论性。所谓技术助理论性是指对技术系统化了的理性认识或知识体系。这种知识体系具有如下特征：

（一）超前性。由于技术理论所要实现的对象是人为的物质事物或人造的物质事物，这些事物是在技术理论的指导下建构出来的，所以，技术理论是一种先于技术存在的、对技术存在的观念创造。这一点与科学理论是对已经存在着的客观对象的认识不同。事实上，在每一次技术实践之前，都有一段技术思想的试探和求京以及技术理论的孕育和形成过程。只有在这些技术理论基本形成以后，实践者才可以直接根据这些理论进行技术创造活动，如在技术问题搜集理论、技术课题选择理论、技术预测理论、技术评估理论的指导下所进行的技术课题决策活动；在技术构思理论、技术设计理论、技术评价理论、技术研制理论、技术样品试验理论的指导下所进行的技术发明活动；在技术开发理论、技术产品试验理论、生产理论的指导下所进行的技术开发应用活动等，否则，技术理论没有确立，技术创造是不可能进行下去的。

（二）综合性。由于技术活动是关于改造物质客体，使之成为新的物质形式的实践活动，因此它就必然包含着对物质客体的属性及其运动规律的认识，亦即必然包含着自然科学的关于"是什么"的实证性理论；同时，由于技术活动又是把物质容体变为人所需要的人造事物的活动，因此，它就必然包含着与人的物质需要和精神需要相联系的包括经济学、政治学、文化学在内的社会科学关于"做什么"的评价性理论；此外，由于技术活动员终是否成功，还取决于人们运用理智的技巧和经验的积累，将自然科学所反映的客观事物的属性、规律的理论和社会科学所揭示的人的经济、政治、文化需要的理论有机地结合在一起，使其相互作用的最终结果能够创造出新的人造物，因此，它就还必然包含着技术科学关于"怎么做"的筹划性理论。可以说，技术理论是自然科学、社会科学、技术科学的有机统一体，它要将以上各种理论融入到技术课题决策阶段、技术发明阶段、技术开发应用阶段之中来，形成自己的关于如何进行技术课题决策、如何进行发明、如何进行开发应用的一套完整的理论，而不仅仅是各种理论的简单拼凑。因此，可以说技术理论比单纯的自然科学理论更复杂、更丰富。

（三）重效性。技术理论确实是对技术实践本质的反映，当然要具有一般理论所具有的客观真理性的品格，但由于技术活动涉及问题的现实性、广泛性、复杂性，也由于一定时期人类思维的局限性、有限性，为了保证所建构的人造物能够满足人类的需求，那么，所运用的自然科学、社会科学、技术科学的各种理论不可能处处最优、最好，不可能一味追求全面、正确、精致，它要不断地折中、协调，要将各种理论调配成一个有机整体，才能使技术创造尽可能达到或接近最初的设想，才能与实际情况和条件相适应，才能使技术创造得以成功。因此，可以说技术活动一切问题都是在反复考虑和不断协调中通过权衡利弊得以解决的，是在保证思维正确性的基础上，从抽象到具体、从一般到个别，注重理论的有效性的结果。

四、技术是理论性与实践性的统一

没有理论的实践是盲目的，没有实践的理论是空洞的。技术的实践性反映了人类能动地改造客观世界的一种创造性活动，技术的理论性反映了人类在感性材料基础上经过加工而取得的思维成果。这两者间存在着相辅相成的关系。首先，技术实践是一种有意识、有目的的创造性活动，它需要理论的指导。技术理论既指明了技术实践的方向，又提供了技术实践的依据，还给出了技术实践的实施方法。离开了技术理论的指导，技术实践中提出问题、分析问题、解决问题的过程就寸步难行，技术实践也就无从下手。其次，技术实践活动的产生和发展不仅为技术理论的形成提供了重要源泉和动力，而且创造出必要的条件和手段，不断提高人的认识能力，不断提供经验材料，使技术理论的形成成为可能；更重要的是技术实践活动是检验技术理论正确与否的标准，因此可以说技术实践性是技术理论性的基础。第三，技术的理论性和实践性是相互促进、共同发展的。一方面由于技术实践的对象具有多方面质的规定性，技术中的人造物是各种属性的非逻辑化的组合，因而技术理论的这种指导应该从客观实际出发，从对事物的本质和现象、共性和个性的结合出发。另一方面，技术实践又规定技术理论，使技术理论必须适应技术实践的要求，发展到相应的水平。当原有的技术理论在新的技术实践面前显得无能为力时，就必须突破原有的技术理论通过反复试探面建立起新的技术理论，从而使技术理论与时俱进，不断成熟。特别要注意在技术理论形成过程中要有技术实践的经验提升和有效验证；还要注意实践本身的绝对性和相对性。只有这样，才能使技术的理论性和实践性相互交融、同生共长。

第三节　技术哲学的实践导向

"技术哲学的实践导向"，是相对于"科学哲学的理论导向"而言的。研究表明，由古希腊时期的"技术"、"实践"、"理论"三者的关系，演变到近代的"理论"与"实践"的二者关系，"技术"的概念逐渐消隐在"实践"的概念中。如康德的"技术上实践"与"道德上实践"的实践二分说。在现代思想中，人们基于康德的这种划分，更多地从"技术上实践"来探讨，从而进一步缩小了"技术"与"实践"的范围。但是由于技术的实践性特征，随着实践哲学重新被提到第一哲学的位置上，对于实践哲学的重视，使得技术实践作为实践哲学的分支之一，突现出一种新的成长态势，技术实践与技术哲学的经验转向有着内在的关联。

米切姆在那本著名的《技术哲学概论》一书中，明确地指出，"由于对科学和技术一开始就提出的那些问题的不同，科学哲学与逻辑和认识论的关系更密切，而技术哲学则与伦理学和实践哲学的关系更密切。"①

技术作为一种活动和过程，总是意味着人对自然界的改造和变革，它在本质上反映了人对自然界的能动关系和实践水平。就是说，技术不仅是生产劳动的手段和过程，更为重要地，它是人类改造自然、实现目的的实践活动。从根本上说，实践活动是随着技术的发展而发展的。技术发展的客观尺度是生产工具，生产工具的发展变化 标志着人类实践水平的高低。历史地看，生产工具的演变经 历了

---

① 〔德〕卡尔·米切姆：《技术哲学概论》，殷登祥等译，天津科学技术出版社 1999 年版。

手工工具、机器系统和智能装置三大阶段。在第一阶段，人既是工具的操作者，也是工具的承担者。人的体力的大小标志着劳动过程中动力的大小，从而也决定了劳动范围的大小和效率的高低。这个时候，人类的实践水平是很低的。机器动力系统作为一个自己运转、自行转换能量并做功的高效运作系统，使先前那种人与自然之间直接的物质变换被本质上无限的自然之间的能量变换取代了，生产超出了人的体力的限制，获得了无限发展的可能性。人类的实践水平因此大幅度提高。在智能装置时期，人类第一次全面利用外部世界物质、能量和信息三个层次，大大优化了生产过程，人类主体的实践能力达到了前所未有的新水平。把技术作为一个展开过程加以研究，易于发现技术与科学有着根本的不同，易于发现技术哲学研究与科学哲学研究存在着方向性不同，技术哲学是以实践为导向的。

中国语境中的"实践"与国外现象学研究的"回归生活世界"、分析哲学后期的"实用主义转向"等相耦合，表明人类活动进入一个新的时空背景后，理论旨趣的新的取向。技术哲学之所以具有生命力，之所以不完全同于科学哲学，不在于把技术抽象化，也不在于刻意坚持思辨的哲学传统，而在于坚守实践导向，把哲学研究重新带回活生生的现实生活中来。[①]

实践哲学是以人的实践行为为研究对象的哲学理论。狭义的实践哲学起源于亚里士多德，主要研究意识中实践的结构条件和关系，尤其是人的正确行为的原则。狭义的实践哲学在西方哲学传统中主要包括伦理学、政治学、经济学、心理学、人类学等，它与形而上学有着种种不同的关系，而与理论哲学相区别。实践哲学关心的是人能做什么，而不是人能认识什么。广义的实践哲学是在狭义的实

---

① 丁云龙：《打开技术黑箱，并非空空荡荡——从技术哲学走向工程哲学》，载，《自然辩证法通讯》，2002 年第 6 期。

践哲学基础上，进一步深入研究人类生存和具体境况和条件。实践哲学不是具体实践的指南，而是对实践基础性的理论研究，是对现实的，以及可能的实践条件、要求和可能性的反思。亦即是对人的实践行为广泛的哲学批判与反思。

作为部门的哲学的技术哲学，它的真正问世，在于哲学中的实践取向压倒理论取向，在于意识到技术在形上意义上高于科学（而不是科学的应用），技术比科学有更漫长的历史和最深刻的人性根源。马克思在这一传统中有着相当重要的地位：首先，马克思是实践哲学的创始者；其次，他认为正是技术这种物质力量决定了物质生产的方式；最后，他提出了异化劳动的概念。

但真正把这种哲学确立起来的是海德格尔。第一，海德格尔以实践取向取代理论取向，他在《存在与时间》中很详细地描述了人与世界的关系如何首先是一种操作的关系，其次才是认识观照的关系。第二，海德格尔充分认识到技术是一种起支配和揭示作用的本质，他提出技术也是真理的开显方式，现代科学的本质在于现代技术。第三，海德格尔是第一个把技术提到哲学最重要位置的哲学家，他说现代技术是形而上学的完成形态。由于强调技术是一种现象，是构成现代性中较本质的东西，因此，现象学的哲学传统给了技术哲学以强大的哲学背景的支持，正像分析哲学支持科学哲学那样。①

过去一个世纪以来，西方哲学逐步把"实践"的问题置于一个很重要的位置上，并且有借此改造传统哲学的趋势。技术作为一个基本的实践活动已经受到关注。作为技术实践的实践哲学中，影响较大的有三种：马克思的技术实践论、现象学的技术实践观以及实用主义的技术实践观。

---

① 吴国盛：《技术哲学：一个有着伟大未来的学科》，载《中华读书报》，1999 年 11 月 17 日。

一、马克思的技术实践论

马克思在对西方传统哲学思想，尤其是对黑格尔和费尔巴哈哲学思想批判的基础上逐步形成了技术实践论的思想。在《德意志意识形态》中，马克思对人的实践活动做出了超越前人（包括费尔巴哈）的解释。他指出，费尔巴哈"没有看到，他周围的感性世界绝不是某种开天辟地以来就直接存在的、始终如一的东西，而是工业和社会状况的产物，是历史的产物，是世世代代活动的结果，其中每一代都立足于前一代所达到的基础上，继续发展前一代的工业和交往，并随着需要的改变而改变它的社会制度。"①

实践活动是人类最根本的活动。马克思认为，人不仅是理性的人，更重要的是，人首先是劳动的人，实践对于人类社会具有决定性的作用。马克思在《关于费尔巴哈的提纲》中批评以前的哲学时说："从前的一切唯物主义（包括费尔巴哈的唯物主义）的主要缺点是：对对象、现实、感性，只是从客体的或者直观的形式去理解，而不是把他们当作感性的人的活动，当作实践去理解，不是从主体方面去理解。因此，和唯物主义相反，能动的方面却被唯心主义抽象地发展了，当然，唯心主义是不知道现实的、感性的活动本身的。"②他强调实践的社会性、历史性和政治性的根本特征，在这个意义上，马克思的实践概念更接近于亚里士多德传统的实践概念。与亚里士多德传统不同，马克思并没有把涉及人与自然的关系的物质生产劳动与涉及人与人的关系的实践区分开来，反而认为物质生产劳动是一种广义的实践。马克思的理论话语中，生产劳动包含着

---

① 《马克思恩格斯选集》第1卷，人民出版社1995年版。
② 《马克思恩格斯选集》第1卷，人民出版社1972年版。

两个不同的维度，一是人与自然界之间的关系，这一关系是按照合乎自然规律的方式来展开的，即相当于康德意义上的"技术上实践"；二是关涉到作为劳动的人与人之间的关系，这一关系则是按照人们都理解并承认的各种规范来展开的，即相当于康德意义上的"道德上实践"，在这两个维度中，后一个维度是根本性的。

技术是人类改造自然的手段。马克思在《1844 年经济学——哲学手稿》中指出："从理论领域说来，植物、动物、石头、空气、光等等"是"自然科学的对象"①，也就是说，它们是认识的对象；"从实践领域说来，这些东西也是人的生活和人的活动的一部分"②，也就是说，它们是被人改造和利用的实践对象。马克思指出实践是主观见之于客观的能动的活动，是主体与客体之间通过技术等中介系统而实现的能动性与受动性、主体性与客体性、合目的性与合规律性等内在统一的过程，并提出技术是"人对自然界的实践关系"，技术"揭示出人对自然的能动关系"。他说："自然界不能造出任何机器，没有造出机车、铁路、电报、自动走锭精纺机等等。它们都是人的产业劳动的产物，是转化为人的意志驾驭自然界的器官或者说在自然界实现人的意志的器官的自然物质。它们是人的手创造出来的人脑的器官；是对象化的知识力量。"③"通过实践创造对象世界，改造无机界，人证明自己是有意识的类存在物"④。"在人类历史中即在人类社会的形成过程中生成的自然界，是人的现实的自然界；因此，通过工业——尽管以异化的形式——形成的自然界，是真正的、人类学的自然界。"⑤随着人类技术实践的发展，自然界在

---

① 《马克思恩格斯全集》第 42 卷，人民出版社 1979 年版。
② 《马克思恩格斯全集》第 42 卷，人民出版社 1979 年版。
③ 《马克思恩格斯全集》第 31 卷，人民出版社 1998 年版。
④ 《马克思恩格斯全集》第 3 卷，人民出版社 2002 年版。
⑤ 《马克思恩格斯全集》第 3 卷，人民出版社 2002 年版。

愈来愈广泛的意义上成为"人化的自然界"①。

马克思的哲学是实践哲学。马克思的技术哲学是一种倡导技术实践的哲学，技术实践构成他整个思想的理论基础与理解现实的一切技术问题的内在精神力量。马克思、恩格斯把技术作为一种社会现象加以研究，揭示了技术发展对生产方式、生产关系、社会变革的影响和技术发展的社会条件。马克思说："社会一旦有技术上的需要，则这种需要就会比 10 所大学更能把科学推向前进。"② 关于马克思的技术实践的思想，受到了许多技术哲学家的重视。

二、现象学的技术实践观

"在哲学理论中，随着马克思主义实践论哲学的发展、现象学对知觉的强调和对身体的重视以及社会建构论的提出，人们看待科学技术的方式逐渐从数学——逻辑的模式过渡到了实践——知觉的模式，从而就为技术哲学的迅速发展奠定了社会和理论基础。"③ 美国哲学家伊德认为，在哲学转向技术现象的过程中，马克思和海德格尔居于首要的地位。

海德格尔已经把技术问题同哲学的终结问题相关联，他的命题"现代技术是形而上学的完成形态"第一次把技术提升到哲学的核心位置。海德格尔以实践取向取代理论取向是毋庸置疑的。他在《存在与时间》中很详细地描述了人与世界的关系如何首先是一种操作的关系，其次才是认识观照的关系；他也深刻的意识到，技术其实一开始就不是那些器具所代表的东西，实质是真理的开显方式。正是因为技术在现代成为一种最突出的现象，即一种起支配和揭示作

---

① 《马克思恩格斯全集》第 3 卷，人民出版社 2002 年版。

② 《马克思恩格斯选集》第 4 卷，人民出版社 1972 年版。

③ ［美］安德鲁·芬伯格：《技术批判理论》，北京大学出版社 2005 年版。

用的本质，才使我们经历着所谓的"技术时代"。现代科学的本质在于现代技术，现代艺术、现代宗教的本质也受着现代技术的支配。现代技术走到了一个极端形态，因而形而上学走向了终结。①

由于海德格尔的开创性的工作，技术哲学一开始就具有显著性的现象学特征。海德格尔作为存在主义的主要代表人物，他对技术的哲学思考，基于他的现象学传统与实践哲学的思想。尽管他从来不谈实践哲学，但他对希腊（亚里士多德）实践哲学思想的改造和转型，尤其后期把生产（poiesis）重新定义为存在揭示自身的一种基本方式。他把技术思考为人的存在方式，随着现象学存在论视域的打开，技术逐渐被凸显出来，技术决定人的在世方式。人的存在本质在于，他是不断对象化的实践者，即以技术制造活动为其根本活动方式的实践者。为了揭示现代人与技术之本质的关系，他在《技术的追问》一文中写道，"我们要追问技术，并希望借此期备一种与技术的自由关系。"② 海德格尔的基础存在论正是把古希腊人实践思想激进化，比利时哲学家塔米尼斯（Tam inioux）认为海德格尔的基础存在论是要在实践活动的基础上建立一种新的存在意义的普遍科学。

我们知道，现象学不是一个学派，而是一种方法。米切姆在论及消除技术定义分歧的途径时也指出："解决争议的合适方法应该是对技术进行结构的和现象学的分析，描述其不同类型及其内在联系，只有这样的分析才能为评价每一种个别解释的相对真理性和重要性提供基础。"③ 美国当代著名的技术哲学家伊德在《技术与实践》一书中，认为现象学具有实用主义的反本质主义、反基础主义、反形而上学的特点。他将现象学与实用主义结合起来，认为实用主义以

---

① 吴国盛：《技术哲学：哲学中的"技术"转向》，载《哲学研究》，2001 年第 1 期。
② ［德］海德格尔：《海德格尔选集》，孙周兴译，三联书店 1996 年版。
③ 邹珊刚：《技术与技术哲学》，知识出版社 1987 年版。

非表象论的认识论变体取代了表象论，而现象学也是如此。他区分了后现象学的和后分析的实用主义，认为如果后分析的实用主义聚焦于语言、语言转向，那么后现象学的实用主义则聚焦于同生活世界或者经验的环境有关的具体化的作用。

伊德从上个世纪 70 年代开始，就将技术包含于实用主义现象学意义上的人类经验之中，描绘了一系列人与技术的关系，从而发展了"技术现象学"。伊德的技术现象学秉承了海德格尔的存在主义现象学和梅洛·庞蒂（Merleau – Ponty）的知觉现象学，是对技术及其使用的一种哲学反思，技术既将现象展现给人类，又使人类成为一种具体的、体现的存在物。技术现象学，作为现象学与技术哲学结合的理论形式，是一种实用主义的、实践的现象学。在技术现象学中，技术是多重稳定的，它是人类与物质和生活世界相互联系的物质手段。①

在伊德的视野中，技术是存在主义的，它位于经验主体与外在环境的相互关联之中；技术是具体的，它是与人类实践相结合的各种人造物；技术又是一种中介物，它是人类建构客观实在的居间调节者。伊德的技术现象学多涉及一些具体技术，既包括眼镜、电话等简单技术，也不乏空间探测器和红外线照相术之类的复杂技术，它是一种以现实生活为基础的日常生活现象学。在技术现象学中，各种具体的技术事物被重新发现并被提升到重要的理论层面上来。

当代科学不仅涵盖了复杂技术，也是需要主体主动参与的、解释性的行动或者实践。从形而上学意义上说，仪器更加关注于世界的微观和宏观维度，尤其是技术对微观现象的关注，已经成为当代科学的现实特征。伊德从现象学视角描述了望远镜的和显微镜的实践及其关系，以说明由作为技术媒介的透镜引起的技术转移导致了

---

① ［美］唐·伊德、陈凡主编：《现象学与技术哲学》，辽宁人民出版社 2004 年版。

知识生产的爆炸。伊德以天文学中的新工具为例来说明技术科学中的解释学，当代天文学以一系列工具为媒介而获得"视觉对象"，如雷达和无线电天文学，最终导致了许多"无线电源"以及宇宙自身的背景辐射的发现。这些新技术通过其方位和感知的具体化成为人类经验的媒介，如无线电"望远镜"将很长的频率转化为可视现象，进而可以被加以解释。但是由于进展的情况很复杂，因此为了得到理解，它必须被批判地加以解释。

三、实用主义的技术实践观

实用主义也是实践哲学的一种。它作为现代西方哲学中的一个流派的根本意义在于，它是关于人的实践和行为的哲学。实用主义强调如何通过人本身的行为、行动、实践来妥善处理人与人之间以及人与其所面对的世界（环境）之间的关系，认为哲学的范围应以人的生活和经验所及的世界为限。哲学应当成为关于经验世界、即人的现实生活世界的理论。

2003 年 12 月召开于日本的国际会议中，其主题就是 21 世纪的实用主义和技术哲学，主要探讨了"实用主义、现象学和技术哲学"、"海德格尔、实用主义和技术"以及"技术哲学中的实用主义"等几个专题，会议发言者都是当今技术哲学领域中的著名专家学者，如南伊利诺斯大学杜威研究中心主任、哲学教授拉里·希克曼（L. Hichman）的"约翰·杜威的实用主义技术"、西蒙弗雷泽大学通信学院哲学教授安德鲁·芬伯格的"实用主义和技术批判理论"、美国纽约州立大学哲学教授唐·伊德的"实用主义、现象学和技术哲学"以及日本文理大学文理研究所哲学教授中村纯一的"技术与伦理实用主义和技术哲学"等。①

希克曼通过对杜威的实用主义技术思想的解读，分析了杜威（J. Dewey）的实用主义对技术实践的贡献。第一，他使用技艺的和技术的隐喻来消解某些传统的哲学问题；第二，他对技术文化的评论所做的贡献。希克曼和芬伯格各自从不同角度对当今技术哲学的未来走向即当今技术哲学的民主化趋势达成共识。希克曼认为杜威的实用主义方案可以应用于解决人类在 21 世纪所面临的问题。芬伯格则认为，应避免海德格尔式的技术具体化，因为它类似于他所批判的"普罗米修斯主义"。他们都认为，无论是全球公民化还是技术民主化的主张，都是解决当今人类所面临的重大问题的途径，并且都蕴涵着一定的民主思想，杜威在强调民主的意义上，为当今技术哲学指明了一个可能的发展方向。芬伯格尽管不同意希克曼把他说成是实用主义者，并试图将自己的观点与杜威的观点加以区分，但是他确实赞同希克曼的观点，认为杜威在当今有关技术的研究中发挥了重要的作用，并提出在他的观点与杜威的观点之间存在着一条可能的桥梁。

另一位主要的代表人物伊德则把现象学和实用主义紧密联系起来，以自传式的方法分析了实用主义和现象学之间的关联。伊德认为现象学具有实用主义的反本质主义、反基础主义、反形而上学的特点。他把自己的现象学与罗蒂（R. Rorty）的现象学区别开来，把自己的称作非基础的现象学或后现象学，事实上是一种实用主义的现象学。他认为现象学实践，如变量理论、具体化、批判的解释学等展示了各种工具，丰富了当代的实用主义，这是早期实用主义所不具有的。伊德将技术包含于实用主义现象学意义上的人类经验之

---

① 陈凡等：《视野中的技术哲学——实用主义与技术哲学国际会议述评》，载《科学技术与辩法》，2005 年第 4 期。

中发展了"技术现象学"。对于伊德的技术现象学思想，前面已经论述过。

日本实用主义技术哲学家村田纯一（Junichi Murata）以知识和技术的创造性特征为切入点，探讨了技术伦理何以可能的问题。认为当代应用伦理的任务类似于哲学的这种任务，因此所谓的"应用伦理"的问题可被视为当代世界中的哲学问题。当我们处理应用伦理中的问题时，必须以探究为开始，产生发展手段和目的，而不是假设坚持一个既定的目的和时间极限。在这个过程中，他承认由技术的创造性所导致的各种出乎意料的后果，并对此时一种伦理行为以及责任的概念何以可能的疑问做出了回答。

从理论渊源上看，西方的技术哲学主要来自于马克思主义、实用主义特别是现象学等欧洲哲学传统。技术哲学的"经验转向"与技术实践之间有着内在的关联。我们知道，美国技术哲学的"经验主义转向"发生的整个大背景是美国的实用主义传统，它的理论基础是欧洲大陆的现象学、诠释学和存在主义。技术实践的主要代表，即在技术哲学界被称作新一代的技术哲学家如伯格曼、伊德、芬伯格、温纳、皮特、米切姆等，共同发展出技术哲学的经验转向的运动，使技术哲学在这一基础上更加的成熟与成长起来。经验转向要求面对具体的技术产品，而对于技术实践的论述，也往往是基于日常的生活世界而谈，如著名的丹麦技术哲学家汉斯·阿克特会斯（Hans Achterhuis）的著作《美国技术哲学的经验转向》（2001）中，分析了六位当代技术哲学家的著作：阿尔伯特·伯格曼的《技术与日常生活特征》，休伯特·德里弗斯的《人类与计算机》，安德鲁·芬伯格的《告别敌托邦》，多纳·哈拉维（D. Haraway）的《电子机器人对地球生存的意义?》，唐·伊德的《技术的生活世界》和劳丹

·温纳的《作为隐性架构的技术》。①伊德在《现象学与技术哲学》
一文中指出："与第一代哲学家相比，这些二十一世纪的技术哲学
家，不像他们涉及对技术类型的特定分析；他们更多的是实用主义
的。实用主义经验转向的例子包括伯格曼最近对于信息技术的关注；
德里弗斯对于因特网的关注；芬伯格对于技术及多元文化主义的关
注；以及伊德对于影像技术的关注。"②伊德从他的实用主义的现象
学视角将此视为出自于早期的二十世纪现象学与技术哲学的某种轨
迹。可以说，早在 20 世纪 70 年代，伊德就已经开始了技术哲学的
经验转向，这是现象学"面向事物本身"原则的体现。这些都给技
术实践与经验转向之间形成了一个交流的平台。

---

① Hans Achterhuis. American philosophy of technology：the empirical turn ［C］. Indiana University
Press. 2001.
② ［美］唐·伊德、陈凡主编：《现象学与技术哲学》，辽宁人民出版社 2004 年版。

第四章　虚拟认识论

第一节　虚拟现实技术

虚拟现实技术是信息技术发展的新领域，它所建构的三维虚拟世界让沉浸于其中的人难辨真假。目前这一技术已被广泛应用于教育、科技、军事、娱乐以及人与人的交往等各个方面，产生了重要而深远的社会影响。"20世纪下半叶，人类科学技术的重大进展之至就是利用虚拟技术实现对认知对象和环境的虚拟建构。"① 作为一项直接影响认识主体的技术，虚拟现实技术具有丰富的哲学意蕴。它在哲学的各个方面如哲学本体论、认识论、价值论等领域都给传统哲学形成了一定的影响。

对虚拟现实下一个完整的定义是困难的。有学者认为，虚拟技术是指以网络技术、多媒体技术等具有物理实体特征的信息技术为物质基础，建构虚拟技术场域的技术中介手段。这种分析比较明确地表述了虚拟技术实体不是虚拟的，作为存在于现实空间的技术表现形态，它是具有物理特征的技术，虚拟技术的"虚拟"性在于是建构虚拟技术场域，即网络虚拟空间的技术中介手段。虚拟技术实

---

① 张怡、郦全民：《虚拟认识论》，学林出版社2003年版。

现了波普尔所描述的世界1、世界2和世界3的高度契合与统一，在理论上具有同构性，从这个意义上说虚拟技术是具有革命性的技术形态。[①]

也有学者认为，所谓虚拟现实技术，是指在计算机软硬件及各种传感器（如高性能计算机、图形图像生成系统，以及特制服装、特制手套、特制眼镜等）的支持下，生成一个逼真的、三维的、具有一定的视、听、触、嗅等感知能力的环境，使用户在这些软硬件设备的支持下，能以简捷、自然的方法与这一由计算机所生成的"虚拟"世界中的对象进行交互作用。[②]

一、发展过程

1956年，理克尔德（J. C. R. Licklider）发表《人－计算机共生》，理克尔德是"沉浸式虚拟环境"的先驱，他在《人－计算机共生》（Man－Computer Symbiosis）中最早提出电脑以人脑的方式来处理信息的基本思想；1960年，摩登·海里戈（Morton Heilig）提出"体验剧场"的设想；1962年，伊凡·萨瑟兰（Ivan Sutherland）演示有图画处理功能的"写生簿"；1965年，伊凡·萨瑟兰（Ivan Sutherland）发表《终极显示》，萨瑟兰是计算机图形之父，虚拟实在原"先锋"，（The Ulttmate Display）是虚拟实在技术发展的里程碑。在《终极显示》中他预言不久的将来，人们可以通过计算机的显示屏去感受人的感受器官无法直接感受的物理世界；1966年，吉布森（J. J. Gibson），发表the Sence Cnsidered as Perceptual Systems，Houghton Mifflin，Boston，建立了人的感知系统的模型；1968年，伊凡·萨瑟兰（Ivan Sutherland）发表《头盔式显示器》，研制了第一

---

① 张雷：《虚拟技术政治价值论》，东北大学出版社2004年版。
② 汪成为：《人类认识世界的帮手：虚拟现实》，清华大学出版社2000年版。

台头盔式显示器。《头盔式显示器》（HMI，A Head – Mounted 3D Display），是一篇对三维显示技术起着奠基作用的经典文献。文中对头盔式三维显示器装置的设计背景、构造原理和存在的问题等作了讨论；1968 年，道格拉斯·伊格伯特（Douglas Engelbart）用鼠标选择、移动字，显示器用小的计算机图形或肖像来代表不同的代码和需求；1970 年，伊凡·萨瑟兰（Ivan Sutherland），成功地演示第一台头盔式显示器，通过计算机和这个显示器，人类终于看到了一个虚拟的，并不是物理上存在的，但又与物理世界的物体十分相似的物体；1971 年，弗雷德·布鲁克斯（Frederick Brooks），研制了具有力反馈的原型系统 Grope – Ⅱ；1975 年，迈伦·克鲁格（Myron Kruegger），第一个探索像虚拟实在技术的计算机交互设备"人工实在"；1976 年，尼葛洛庞蒂（Nichelas Negroponte），发现交互技术是影响计算机发展和应用的瓶颈，提出研制一个具有随机存取功能的多媒体系统；1976 年，尼葛洛庞蒂（Nichelas Negroponte），成立多媒体实验室，设计了多媒体技术，虚拟实在技术应用的典型建筑；1982 年，托马斯·弗恩斯（Thomas Furness），展示美国空军使用的"虚拟双空运系统模拟器"（VCASS，the Visually Coupled Airborne System Simulation），开发出"超级座舱"（super cockpit）虚拟环境系统；1981 年，米歇尔·麦克格利维（Michael McCreevey），提出"空间感知和先进的显示"。这是一个有应用价值的项目，目的之一是对萨瑟兰的头盔式显示器进行改进，用轻巧的液晶显示器代替笨重的阴极射线显示器，并采用了较为精确的头部定位装置，这样就使头盔的显示器更加接近实用了；1985 年，米歇尔·麦克格利维（Michael McCreevey），研制出改进的头盔式显示器；1986 年，美国航空航天管理局 NASA 科学家米歇尔·麦克格利维（Michael Mc-Creevey）、斯克特·菲雪（Scott Fisher）等，研制成功了第一套基于 HMD 及数据手套的 VR 系统 VIEW（Virtual Interface Environment

Workstation），该系统是较为完整的多用途、多感知的 VR 系统，使用了头盔显示器、数据手套、语言识别与跟踪技术等，并应用于空间技术、科学数据可视化、远程操作等领域；1987 年，加隆·兰尼尔（Jaron Lanier）、托马斯·齐摩尔曼（J. Zimmermn），创造了庞大的计算机图形模拟系统，合成了一个功能齐全的虚拟环境；1987 年，美国航空航天管理局，发明了每个活动关节都有传感器的"数据手套"（Data Glove），它是一种尼龙手套，有将用户手的姿势转化成计算机可读的数据，光导纤维传感器安装在手套背上，用来监视手指的弯曲。有 6 个自由度的探测器，以监测用户手的位置和方向。允许手去抓取或推动物体，而虚拟物体又可以反作用于手（即力的反馈）。同年，开发出"虚拟环境显示器"（VIVED：Virtual Environment Display），该项目是一个便宜的、较小规模的虚拟环境系统；1989 年，加隆·兰尼尔（Jaron Lanier）、托马斯·齐摩尔曼（J. Zimmermn）、吉姆·克拉莫（Jim Kramer），成立 VPL 公司，正式使用"虚拟实在"这一术语；1990 年，Exos 公司，发明电子手套，这种手套是吉姆·克拉莫为了帮助声音受到损伤的人而制造的电子手套，它使用了线性传感器，与一种网络手势识别接口配合使用，可以移动手心，并允许正常的手势动作、如打印、书写等；1990 年，卡罗琳·克卢－尼雷（Carolina Cruz – Neira）等，发明手控装置（DHM，The Dextrons Hand Master），是一种戴在用户手背上的金属骨骼结构装置，每个手指有 4 个位置传感器，一个手有 20 个传感器。每个角度由位于这种机械框架关节上的霍尔效应传感器测量得到。还专门设计了弹簧夹和手指支撑架，用来保持装置在整个手的活动范围内。手控装置用可调节的皮带把此装置戴在手上，为了适用于不同大小的手，还另有附加的支撑和调节带附属物；1990 年，马克·佩斯（Mark Pesce）、托尼·帕里斯（Tony Parisi），虚拟实在第一次在第 17 届国际图形学会议展出；1990 年，马克·佩斯

（Mark Pesce）、布莱恩·贝兰德弗（Brian Behlendorf），大型虚拟实在系统 CAVE 的展现，标志着这一技术已经登上了高新技术的舞台 CAVE（Automatic Virtual Enrironment）是一种基于投影的环绕屏幕的自动虚拟系统。人置身于由计算机生成的三维世界，并能在其中来回走动，从不同角度观察它、触摸它、改变它的形状；1992 年，创建浏览器 Labyrinth（迷宫）；1994 年，创立虚拟实在建模语言邮递表 WWW – VRWL；1997 年，虚拟实在建模语言作为国际标准正式发布。

二、语义分析

从词源看，"虚拟"一词是由英文 virtual reality（虚拟现实，又译虚拟实在）派生出来的。在英文中，表示"虚拟的"词语并非 unreal（不真实的）、visional（虚幻的）、pretended（虚假的）或 fic-titious（编造的），而是 virtualiter，意为"具有可产生某种效果的内在力的"，源于拉丁语"virtus"、"virtualis"。中世纪神学家兼逻辑学家邓·司各脱曾赋予这个词最初的哲学含义。[①] 他从唯史论的基本观点出发，认为事物的概念不是以形式的方式，而是以产生某种效果的内在力量或者能力的方式涵盖其经验性的内容，从而构成形式上统一的现实。因此，事物的概念就是一种虚拟的现实。他试图用"虚拟的"这个词来沟通形式上统一的实在与人们杂乱无章的经验之间的鸿沟，他把虚拟实在赋予事物或过程经验的某些方面，把经验等同于实在。从这个意义上来说，人类思维、意识的发展过程，人类运用概念、符号进行抽象思维来认识自然的过程，就是一个不断虚拟化的过程。人的历史和经验，要依靠文字虚拟过程来传递、保

---

① ［美］迈克尔·海姆、金吾伦、刘钢译：《从界面到网络空间：虚拟实在的形而上学》，上海科技教育出版社 2000 年版。

存。印刷文字和图像的物理持性中，包含了虚拟化了的人类经验，使得人不必亲身经历，便可以继承祖先的历史和经验。显然，这种借助意识、概念和符号的虚拟是现实在人脑中的表现形式，同时也是人认识现实世界的方式。

牛津大学出版社出版的《牛律辞典》（1989）对目前计算机及通信等科技领域里经常使用的"virtual"解释是："Not physically exiting as such but made by software to appear to do so from the point view of the program or the user。"可以翻译为：一种由软件生成的非物理存在，但从程序和用户角度来看像真的一样。虚拟特指用 0、1 数字方式去表达和构成事物及其关系。商务印书馆出版的《牛津高级英语学习词典》（OALD）中对"虚拟的"（virtual）一词的解释是：实质上的，但尚未在名义上或正式获得承认。《美国传统辞典》对 virtual 的解释是："Existing or resulting in essence or effect though not in actual fact, form, or name"，意为"虽然没有实际的事实、形式或名义，但在实际上或效果上存在和产生的"。

"虚拟"一词的当代用法，来自计算机技术和软件工程。在计算机技术中的虚拟存储器、虚拟服务器和企业管理中的虚拟组织等语汇中，"虚拟的"意味着"虽然是无形或非正式的，但在功能上相当于……"。因此具体地说，虚拟就是用数字方式去构成这一事物，或者用数字方式去表达这种关系，从而形成一个与现实不同但又具有现实特点的数字空间。

计算机科学家用"虚拟内存"来代表计算机以这种方式设置的 RAM（随机存取存贮器）。虚拟内存技术不添加硬件即可扩展计算机的数据存储，例如，在个人计算机上，虚拟内存可以是 RAM 的一部分，仿佛它就是硬盘存储空间。这种虚拟磁盘可以像硬盘那样来用，但却不用受实际的机械磁盘的物理限制。随着计算机和信息技术等的发展，虚拟的意义有了扩展。正如美国学者迈克尔·海姆

（Michael Heim）所指认："'虚拟'一词的涵义后来变成了任何一种计算机现象，从计算机网络上的虚拟邮件到虚拟工作组，到虚拟图书馆甚至虚拟大学，可谓应有尽有。在每种情况下，这个形容词所指的是一种不是正式的、真正的实在。当我们把网络空间称为虚拟空间时，我们的意思是说这不是一种十分真实的空间，而是某种与真实的硬件空间相对比而存在的东西，但其动作则好像是真实空间似的。"① 从数字化虚拟技术的实践应用来看，虚拟技术在电子计算机领域已经获得了非常广泛的应用。"虚拟内存"（Virtual Memory）、"虚拟存储器"（Virtual Storage），"虚拟主机"（Virtual Host/Virtual Server）、"虚拟光驱"、"虚拟终端"（VPC）、"虚拟专用网"（VPN）成为经常被使用的电子计算机术语。②

这些计算机专用术语基本上可以解释为：以电子计算机硬件技术为技术基础，以软件技术为技术解决方案，在计算机或网络上建构出来的具有真实硬件功能的虚拟的技术存在方式。这些技术存在方式是建构虚拟世界的技术基础。我们可以发现，虚拟技术既包括硬件技术也包括软件技术，是硬件技术与软件技术高度契合的数字

---

① ［美］迈克尔·海姆、金吾伦、刘钢译：《从界面到网络空间：虚拟实在的形而上学》，上海科技教育出版社 2000 年版。

② 虚拟光驱就是虚拟光盘驱动软件用电脑模拟技术产生的"光驱"．一般光驱能做到的事虚拟光驱一样可做到；虚拟主机是使用特殊的软硬件技术．把一台计算机主机分成一台台"虚拟"的主机．每一台虚拟主机都具有独立的域名和 IP 地址（或共享的 IP 地址）．有完整的 Internet 服务器（www，FTP，Email 等）功能．在同一台硬件，同一个操作系统上．运行着为多个用户打开的不同的服务器程序．互不干扰．虚拟专用服务器如同独立的服务器一样．系统管理员拥有系统的所有权限．可以完全控制和配置"服务器"．自如地为自己的用户提供 CGI，ASP，PHP 程序．安装动态模块．调整自己的数据库等；提供独立的系统管理及软件运行环境．在一台主机上可以配置多个 IP 地址．每一个虚拟服务器都是在专用的加密区域内运行．如同独立服务器一样操作．而它的系统性能，安全性及可扩展性与专用服务器不相上下．虚拟专用网（VPN）技术是指在公共网络中建立专用网络．数据通过安全的"加密管道"在公共网络中传播．用户只需要租用本地的数据专线．连接上本地的公众信息网．相互就可以互相传递信息．使用 VPN 可以节省成本．能够提供远程访问．具有扩展性强，便于管理和实理全面控制的优点。

化关系表达方式。今天软件工程师们一般是在一种不是正式的、不是真实的但又是实际的意义上来使用这个术语，也就是说相对于自然的、物理的存在来说，虚拟实在让主体在感觉层面上产生具有效果上的等同性。同时软件工程师们也没有把虚拟实在所构成的空间环境简单地称为可能世界，因为在现实世界中许多不可能发生的现象在计算机系统中能够发生，虚拟蕴含着比可能更宽泛的哲学内容。

从认识论的角度来理解，"虚"是一种主观存在，特指大脑对"实"的感知、认知和加工以及在此基础上形成的意象和意境。意识是大脑的本能，意识运动的机制形成人类大脑的思维。人类通过思维形成对"实"的意象和意境。从本质上来看，"虚"是存在于大脑之中的东西。"虚"的主体或精髓——意识或思维——不能以外在的形式精确再现。但却可以通过语言、动作、表情、文学艺术等形式对其进行描述，我们可以广义地称其为"虚拟"。正如尼葛洛庞帝（Nicholas Negroponte）在《数字化生存》中所说："虚拟现实能使人造事物像真实事物一样逼真，甚至比真实事物还要逼真。"①

三、类别

虚拟有四分法与三分法。四分法认为，其一是对实存事物的虚拟，即对象性的虚拟或现实性的虚拟，我们可以将其称为模仿；其二是对现实超越性的虚拟，即对可能性或可能性空间的虚拟，我们可以将其称为模拟，其三是对现实背离的虚拟，一种对现实而言是悖论的或荒诞的虚拟，即对现实的不可能的虚拟，我们可以将其称为虚构；其四是对现实的可能发展方向的虚拟，我们可以将其称为幻想。数字化的虚拟是模仿、模拟和虚构、幻想的集合，是一种具

---

① ［美］尼古拉·尼葛洛庞帝、胡泳、范海燕译：《数字化生存》，海南出版社1996年版。

有时空超越性的虚拟。三分法认为，其一是荒诞性的虚拟。因为荒诞往往是真实的另一种表现形态，今日的梦幻很可能成为未来的现实，这都是古往今来人类的求知欲所使然，具有很大的合理性和认识的跳跃性，只要不超过现实伦理的底线，人们都可以接受，甚至给予一定范围的支持和鼓励，这也是思想和意志自由的前提，是社会进步的象征。但现实的赛伯①却无法令人乐观，因为有人已经假借新生事物之名，驱策荒诞性虚拟跨越正当科研和娱乐业的社会伦理底线，使虚拟暴力、虚拟色情、虚拟恐怖乃至虚拟犯罪，呈蔓延趋势发展，导致非理性思潮的又一次泛滥，正在对人类的现实世界构成威胁，这既是科技文明史上技术发展违背人类初衷对其实施"报复"的又一例证，也十分清楚地暴露出荒诞虚拟反人性、反科学的一面，正是在这个意义上我们才认识它是最不受欢迎的虚拟层次，需要人们认真对待，以抵御寒壬的诱惑，它同样要接受实践的历史检验，技术的真实并不等同于科学的真值，更不存在少数服从多数的忽然性命题。其二是可能性的虚拟。即依靠现有的高集成度的技术平台，通过合成、模拟、仿真等虚拟技术，建立对象模型，形成人机互动，从而把与现实性事物呈相关联系的各种可能性发展形态展示给认识主体，其利用向度在很大程度上已取决于人的选择意图。可见这是一种实用价值极高的虚拟技术。可以用于经济、政治、教育、军事、医学等各个领域，其多样性在虚拟空间的真实呈现，就技术本身而言是中性的，无所谓高下之分。但就其开放的可选择性来说，又潜伏着正负两极的分化，需要人类的理性、良知加以公正的调控，使之成为社会进步的福音，而不是导向灾难和罪恶。三是

---

　① 赛伯空间指的是全球范围为数众多的可以被远程访问的计算机网络，包括国际互联网（Internet），公告版系统网络菲多耐特（Fidonet）等．它们都可以为上网者的虚拟生存活动提供技术支持；但虚拟现实（Virtual Reality）的研究开发，目前还处于实验室阶段，尚未形成大规模的服务终端。

现实性的虚拟。第一，虚拟技术大量追求逼真的模拟，要求达到真实或接近真实的三维视觉、立体听觉、质感的触觉和嗅觉，使人产生身临其境的感官和心理体验，也只有这种互动的人机界面才能承担无实境条件下的仿真任务，使计算机整体技术更加智能化、人性化，实现人类远距离交往或无实物遥控的许多梦想（虚拟并非是简单的影子世界，在可能的技术条件和范围内，虚拟技术已经做到了过去只有在真实现实中才能做到的事，例如波音777客机的无样机设计），如果不走极端，我们看不出这种类似模拟的虚拟有什么不好。第二，只有当基于现实性的虚拟技术日臻成熟和完善，才能为"虚拟经济、虚拟政治、虚拟教育、虚拟军事、虚拟战争"等诸多领域提供可靠的技术支持，从而在虚拟空间完成由各种可能性转化为现实性的真实或接近真实的功能。

四、特征

伯第亚在《虚拟现实系统和它的应用》一文中，曾经用"虚拟现实技术三角形"说明虚拟现实系统的基本特征，它们是用三个"I"表示的，即 Immersion（沉浸）、Interaction（交互）、Imagination（想象）。用这三个"I"说明虚拟现实系统的三个基本特征，形象地强调了在虚拟现实系统中人的主导作用。迈克尔·海姆在《虚拟实在的形而上学》一书中对虚拟现实作了较为全面的描述，内容涉及 7 个方面：[①] 一是虚拟性。虚拟实在是计算机图像系统对真实景象的逼真模拟，同时三维音频也令虚拟实在增色不少。二是交互作用。在一些人看来，虚拟实在就是他们能与之进行交互作用的电子象征物。三是人工性。虚拟实在是一种人造物。四是沉浸性。虚拟实在

---

① ［美］迈克尔·海姆：《界面与网络空间——虚拟实在的形而上学》，上海科技教育出版社 2000 年版。

原音像和传感系统能够使使用者产生沉浸于虚拟世界中的幻觉，即虚拟实在意味着在一个虚拟环境中的感官沉浸。五是"遥在"（tele-presence）。虚拟实在能够使人实时地以远程的方式于某处出场，即虚拟出场。此时，出场相当于"在场"，即你能够在现场之外实时地感知现场，并有效地进行某种操作。六是全身沉浸。这是一种不需要人体传感器的方式，摄像机和监视器实时地跟踪人的身体，将人体的运动输入到计算机中，人的影像被投影到计算机界面上，这使得人通过观察他的投影的位置，直接与计算机中的图形物体（图片、文本等）发生交互作用。换言之，人成为自己的虚拟实在。七是网络通信。虚拟实在可以通过网络实现共享，使用者通过自行规定并塑造虚拟世界中的物体和活动，就可以不用文字或真实世界的指称来共享幻想的事物和事件。

在一般的研究中，虚拟技术的特征被表述为：第一，沉浸性。即虚拟现实技术强调用户的参与，它通过计算机生成的虚拟世界让人沉浸其中，仿佛和人在真实空间中感觉没什么两样。虚拟现实设备可以模拟出各种感官环境，人们可以充分利用其感官去听、看、闻、触。其界面十分友好，人在其中自然而然会产生一种沉浸于其中的强烈感觉。第二，交互性。人机界面的互动性是指虚拟现实的交互性，即它强调人与计算机之间互相反馈信息，产生互动。人在虚拟世界中是"主角"，而非被动地接受信息。虚拟现实不是简单地运行事行编制好的程序，它强调使用者的亲身参与。第三，自主性。是指人与虚拟环境的交互作用在本质上不是预成性的而是生成性的，没有人的想象力的参与建构就不会形成真正的虚拟现实。不同于以往被动式经历，虚拟现实的使用者可以自己做决定，也就是说，使用者自己控制着各自剧情的发展。如同现实社会一样，没有任何两个人的经历完全相同。这样就能达到前所未有的逼真度。第四，多感知性。虚拟现实的多感知包括视觉感知、听觉感知、力学感知、触觉感知、运动感知等。其中力学和触觉带给人的震撼要比视觉与听觉更真实。实在感的一个重要根据就是相互作用的感觉。虚拟感觉以其多感知性能使使用者全身心地沉浸于虚拟世界之中。第五，远程显现性。提起虚拟现实技术就不能不提起远程显现或"遥在"（telepresence）作用。它也许是虚拟现实最具魅力的特征。这是一种将自动控制技术与机器人技术综合的虚拟现实技术，它在形成虚拟世界后，还将虚拟世界的信息再输出到外部现实世界，使人对虚拟世界的变革通过一定的控制系统变换成现实世界的相应变化。利用虚拟现实技术的远程显现，一个外科医生可以在没有专家亲临现场的边远地区做专家级的外科手术。一名专家在虚拟生成的病人面前用虚拟的手术刀给病人做手术，真正的病人却在千里之外。通过虚拟现实技术，实现了无需到场便能"在场"的效果。"神游物外"这种过去只能在神话小说中才会出现的事，运用虚拟现实技术现在已经可以轻松做到。

五、虚拟现实技术的认识论意义

通过上述分析，我们认为虚拟现实技术的认识论意义主要表现为以下几个方面：

（一）它使人类获得了一种认识世界的新工具

虚拟世界是科学技术高度发展的产物，它是信息社会出现后才表现出来的，由于我们今天所面对的是一个高度复杂性的世界，许多传统的实验方法无法适用于对复杂巨系统的探索，而运用虚拟现实技术具有安全可靠、经济方便等优点，尤其是虚拟现实技术可以模拟现实世界中一些不可能的情景，因此它是探测现实世界复杂系统规律性的好工具。

（二）它促进人类学习方法的变革

在虚拟世界中，人们不仅可以通过逻辑思维方式进行学习，而且可以通过形象化的方法进行学习。人与虚拟现实系统通过各种先进的传感器和作用器发生联系。人通过传感器把自己的经验和体验传送给以计算机为核心的虚拟现实系统，并通过作用器把处理结果输出给人。人基于过去已有的经验、体验以及虚拟现实系统的现时输出，从而以认知和感知结合的形式来提高自己的认识能力。同时，虚拟现实系统对处理这类问题的能力也将得到同步的增长。"虚拟现实技术要实现的，是一种新型、多维化的、人机和谐的信息系统。它为人们提供了新的学习手段，突出了形象思维和逻辑思维的结合、认知和感知的应用，从而将对认识主体的学习方式和思维发展有重要的影响。"①

其次，虚拟现实技术把抽象模型和实物模型优点结合起来，为我们提供一种模型化的学习方法。虚拟世界类似于实物模型，虚拟模型是人的思维通过虚拟现实技术系统实现的观念的再创造，并将之形象化的结果。虚拟现实技术把抽象模型和实物模型的优点结合起来了。它以"虚拟性"来进一步提高仿真系统的"逼真性"，使得实物模型虚拟情景化，抽象模型形象具体化。无论是事物模型还是概念模型，都变成了虚拟世界中的现实，成为一种虚拟的情景模型，并且具有更高的逼真度。虚拟现实技术作为一种模型方法，使得科学模型具有工具性和对象性的双重性质，它既是研究的工具，也是研究的对象。

---

① 曾国屏：《虚拟现实——一项变革认识方法的技术》，载《自然辩证法研究》，1997 年第 7 期。

（三）它能虚拟认识过程，从而加速了认识的发展

人类认识是一个复杂的过程，特别是探索未知世界的认识过程之中，制定一种认识方案就能顺利地完成认识任务的事几乎是不可能的。虚拟现实技术为我们提供了一种低成本的认识方法，我们可以运用虚拟现实技术虚拟地制定各种认识方案，通过虚拟现实生成设备在计算机中虚拟认识过程，得出认识结果，以便选择最适宜的认识方案用于现实认识活动之中。在虚拟认识中，如果某种认识方案经过虚拟现实的多次预演证明是失败的，就说明此方案是错误的，就要重选认识方案，直至找到正确的认识方案为止。另外，我们可以虚拟某一认识过程，如果这一认识过程无法进行下去，就说明对这一认识过程的选择是错误的并可加以排除，再重新选择直到成功地找到正确的、可行的认识过程。这样虚拟现实技术为一些投入大、风险高的科研项目提供了一条方便高效的模拟之路，为现实认识选择最佳的认识方案和认识道路提供了依据。

虚拟认识是基于计算机技术的认识形式，其运算速度之快、精确度之高是现实的人脑所无法比拟的。从这个角度看，虚拟现实技术可以大大提高人类认识事物的速度和能力。虚拟认识能在极短的时间内，处理大量的感性材料，进行着高速的思维运算，能在极短的时间内制定许多认识方案并选择出最佳的认识道路。同时，虚拟认识又能在极短的时间内找出多种解决现实认识难题的方法，制定多种策略克服现实认识中暂时的失败与挫折。"在虚拟现实技术的帮助下，现实就不必要去试探多种可靠的认识道路和解决认识困难的各种方法，而是直接选择出虚拟认识提供的最佳和有效的认识道路及解决问题的方法。这样，虚拟认识能为现实认识节约时间，加速

认识的进展。"①

　　虚拟技术扩展了认识对象。虚拟技术能动态地、多维地、综合地和仿真地虚拟现实，它对现实世界做了适当的强化、夸张和修补，因此，虚拟现实是个逼真度极强的立体世界，它能做到以假乱真，并且比真实现实更具有可感性、矛盾冲突性、便捷性和适人性。人置身于这个虚拟世界中，他的各种感觉和思维会被同时激活起来，既有感知的又有思维的，既有理性的又有直觉和情感的。人在这数字化的世界或客体中，通过各种感觉和思维来感知世界、接受人类的文化知识和学会多种技能。

　　虚拟技术还能虚拟暂时还没有充分显露的客体或是客体的未来状况，有利于主体进行超前认识。把虚拟技术应用到认识过程中，能虚拟出客体的未显露部分，使客体成为完整的存在形态；虚拟出还没有出现的客体的未来情形，使客休呈现出完整的发展过程。通过虚拟客体，主体就不会因为客体的不完备而暂时停顿其认识过程，而是继续或是加速其认识的发展，以便尽快地揭示客体的本质和规律、尽快地获取认识成果，及时地去指导实践，为实践服务。

　　（四）它使人类获取意会知识的能力大大提高

　　波兰尼认为，"人类的知识分为两类。通常被说成知识的东西，像用书面语言、图表或数学公式来表达的东西，只是其中的一种，即言传知识；而非系统阐述的知识，例如我们对正在做的某事所具有的知识，是另一种形式的知识，即意会知识。"② 意会知识实际上是一切知识的主要源泉，但意会知识如同我们个人的行为一样缺少言传知识所具有的公共性和客观性。因此，言传知识和意会知识分

---

　　① 胡敏中、贺明生：《论虚拟技术对人类认识的影响》，载《自然辩证法研究》，1997 年第 7 期。

　　② M. Polanyi. The Study of Man ［M］. Chicago：University of Chicago Press, 1959：12.

别表现为概念化活动和体验的活动。意会知识具有以下特征：第一，不能通过语言、文字处理或符号进行逻辑的说明；第二，不能以正规的形式加以传递；第三，不能加以批判性反思。意会知识是非常重要的一种知识类型，它实际上是我们认识能力的向导。从总体上看，意会知识在人的认识系统中处于关键地位，人们能够知道的比起所能说出来的东西多得多。言传知识只有通过意会才能被深刻理解。意会知识既是决窍，也是领悟的产物，因为理解包含并最终依赖通过成功地实践而产生的领悟。但是由于意会知识具有不明晰性和不可表述性，只有在实践中通过人体的亲身体验以及同行之间大量的随机交流才能把握。因此在虚拟现实技术再现之前，人类的意会知识大多通过师徒关系、同行交流等方式获得，这种情况大大限制了接受意会知识的广度与深度。而虚拟现实技术的出现则使上述情况大为改观。在虚拟世界中，学习者接触的学习材料不再是纯符号的知识，而是进行与实践有本质关联的活动，是沉浸于虚拟世界所获体验。它强调亲自体验、经历和沉浸。因此在学习言传知识的同时，也学习了意会知识。例如，运用飞行模拟器进行训练的飞行员所获得的飞行知识是无法加以清晰表述和传授的，但它可以使飞行员在第一次真正驾驶飞机时就能应用自如。它与平时课堂中所传授的知识有很大不同，只可意会而不能言传。

（五）它有助于发挥人的主观能动性

在现实世界中，人类认识客观事物总是要付出代价的，甚至不能达到对客观事物的认识目的。而在虚拟世界中，主体通过认识达到对客观现实世界的认识，能充分发挥主体在认识过程中的能动作用。虚拟现实技术能虚拟暂时还没有充分显露的客体或是客体的未来状况，有利于主体进行超前认识。同时虚拟现实还构造了一个极好的创新平台，为技术创新提供了试验场。技术创新，不管是何种形式，都需要通过生产实践来改变现存东西。虚拟现实技术可以方便地在虚拟世界中去发展技术创新的过程、检验其结果，从而会降低创新的费用，大大节省创新过程耗费的成本，使技术创新更易于被社会所接受。

把虚拟技术运用到认识过程中，能减少认识代价，提高认识效率。探索未知世界的现实认识活动是要付出必要代价的。认识的必要代价主要是指在认识活动中要消耗主体的一定体力和精力，主要是消耗主体的思维能力，要消耗一定的物质和能量，主要是消耗物质工具和技术设备，要消耗一定的时间。把虚拟技术运用到现实认识中，则能减少认识中的能耗和成本，从而降低认识的必要代价。①

第二节　虚拟认识

一、虚拟认识的思想渊源

虚拟技术并非从天而降、突然产生的，它的出现与发展依赖于哲学史上丰富的虚拟认识论思想。柏拉图认为，艺术品是对真实自然实体的模仿，但"它们（艺术品）是处于第三层次的"。② 在这里，第二层次意指日常可见的自然实体，第一层次意指派生出第二层次的"理念"。按照这样的理解，艺术品并非客观世界的全真反映。据此可说，超越性的虚拟现实与幻想性的虚拟现实正是从"理

---

① 胡敏中、贺明生：《论虚拟技术对人类认识的影响》，载《自然辩证法研究》，2001 年第 2 期；见刘则渊、王续琨主编：《工程·技术·哲学——2001 年技术哲学研究年鉴》，大连理工大学出版社 2002 年版。

② 柏拉图：《理想国》，商务印书馆 1986 年版。

念"中派生出来的。前者虽然根据真实的物理法则进行模拟，但所模拟的对象或者用人的五官无法感觉到，或者在日常生活中无法接触到。它以现实为基础，却可能创造出超越现实的情景。后者则根本无视客观的物理法则，完全把凭空想象出来的东西，用计算机图像、音响等功能，将其变成可以看到的、听到的、见到的多媒体作品。在柏拉图的观念中，模仿是一种退化。而亚里士多德的观点则与之相反，认为人生而具有模仿本性，人们通过艺术手段进行认识对象的模仿并从仿制品中进行学习是非常自然的，因而模仿具有提升性。这恰如仿真性的虚拟现实，它根据现实世界的真实物理法则，由计算机将其模拟出来。虽然是一种模拟环境，但一切都是符合客观规律的。中世纪逻辑学家邓·司各脱认为事物的概念不是以形式的方式，而是以产生某种效果的内在力量或者能力的方式涵盖其经验性的内容，从而构成形式上统一的现实。因此，事物的概念就是一种虚拟的现实。也就是说，相对于自然的、物理的实在来说，虚拟实在让主体在感觉层面上产生同自然的、物理的实在相近、相似的效果。虚拟世界的根本是以符号为载体的信息交流。它所运用的就是以 0 和 1 组合的 BIT 数据，以计算机自动的符号处理为基础，把知识、信息、消息、图片、文学等作为自己的形式。莱布尼茨的贡献尤为重大，因为他的"工作预示着超文本（hypertext）、全文本（total text）、文本同性、所有文本的文本在认识中的价值"。[①] 众所周知，超文本是非线性信息管理技术的专用词汇，是构成虚拟现实的核心技术之一。它的"思想蕴育于 1945 年，诞生于 60 年代，经过 70 年代的哺育，80 年代进入现实世界，85 年以后发展速度加快，于 1989 年达到高潮，形成了一个新的领域。"（美·工程师 Jakob Nielsen）莱布尼茨虽然没有论及虚拟现实的技术问题，但他的思想

---

① 张怡、郦全民、陈敬全：《虚拟认识论》，上海学林出版社 2003 年版。

火花却为后世所重。正如诗人海涅所言："莱布尼茨当然没有留下什么体系的构造，他只留下了构成体系所必需的思想。"① 存在主义大师海德格尔认为："新时代的技术是本体论的基本事件，它对事物、人和世界都以一种独特的、还未曾有过的方式去加以展现。"② 这样，海德格尔得出结论：现代技术并非是纯的手段，而是属于事物和世界的构造，是一种展现。他说："技术不仅仅是手段。技术是天道的一种展现方式。"③ 如果这样理解技术，那么虚拟认识技术的过程中体验到几乎与物理世界、自然世界一样的感受，同时也体验到与劳动实践中获得一样的美的感受。正如亚里士多德所言，模仿是一种学习的过程，并使人从模仿的东西得到快感，这不但因为任何学习都能给人以快感，而且因为艺术的模仿可以表现节奏与和谐，符合人的天然爱好，因此产生出快感。较早觉察到电子传媒价值的是加拿大多伦多大学的 H. M. 麦克卢汉教授，他认识到："电子信息系统是完全器官意义上的有生命的环境。它们改变我们的知觉和感觉力，特别是当他们没有被注意的时候。"④ 麦克卢汉认为媒介是人的延伸。比如，广播是耳朵的延伸，电视是眼的延伸，电子媒介延伸了人的神经系统，而"虚拟实在延伸了人的心智，它是人的各种器官的全面延伸。虚拟实在根据生理世界所有感官的特征提供了比任何别的媒介更适合的环境和信息。"⑤ 之后，随着通用计算机的问世、人类感知再现技术的发展、人际媒体理论与实践的进步、互联网的应用，在虚拟认识这一哲学思想土壤中逐渐孕育并成长起开始被广泛应用的虚拟现实技术。

---

① ［英］麦·罗斯：《莱布尼茨》，中国社会科学出版社 1987 年版。
② ［德］冈特·绍伊博尔德：《海德格尔诗学文集》，华东师范大学出版社 1993 年版。
③ Martin Heidegger. Vertraege and Aufsaetze ［M］. Pfullingen：Neske. 1978. 16.
④ ［加］埃里克·麦克卢汉、弗兰克·秦格龙：《麦克卢汉精粹》，南京大学出版社 2000 年版。
⑤ In Search of a Human interface ［M］ B. Gorayska and J. L. Mey（Editors）1996.

二、虚拟认识的基本原理与过程

　　虚拟现实技术通过放大人的智力来实现人的认识目的，从认识论上看完全是依赖于一系列心理学原理和假设。从当代虚拟技术的发展来看，虚拟现实的一系列基本原理完全是基于技术上的四条基本假说：即：带宽假说、感觉的传递假说、扩展的经验锥形假说、信息感觉化假说。[①] 第一，带宽假说。即虚拟现实能够增加人类吸收信息容量。立足于一般的心理学理论，虚拟实在要具有放大人的认知能力的功能，就必须要增强人的感觉器官的感知能力。所以从这条假说出发，虚拟现实就是通过虚拟技术的手段将各种真实信息传递到认识主体的感受器上，让主体得到各种易于理解的信息，增加主体感受信息的容量，增加主体对信息的感受能力。第二，感觉的传递假说，即虚拟现实能够在空间、时间和特定范围内很好地传递感觉。感觉的传递假说在虚拟现实技术中起着两个主要作用。第一是操作建构和重构空间。即建立一个虚拟的环境使人们置身于其中可以获得与真实世界相似的感觉效果。第二个作用是物理空间的超越。这个作用主要指远程操作、远程显现程序的主要目的并不是为了建构空间，而是为了超越空间。第三，扩展的经验锥形假说，它是指主体能通过媒体模仿和吸收更加宽泛的经验。这个假说从本质上看是基于人类学习的一个唯物主义要求。扩展的经验锥形假说是设想通过虚拟技术处理人的经验从而扩展媒体的各种能力，尤其是学习能力，通过收集、整理、处理和储存经验，为新的认识提供基础。第四，信息感觉化假说是指当信息变换成为感觉性的、空间性的和经验性的形式时，抽象信息之间的关系就能更好地被感觉和了

[①] ［加］埃里克·麦克卢汉、弗兰克·秦格龙：《麦克卢汉精粹》，南京大学出版社2000年版。

解。虚拟现实的认识能力正是基于以上四条心理学假说而运作的。

我们知道当代认识论总是认为，主体对现实世界的认识过程表现为主客体之间的一种相互作用，并且这种主客体之间的相互作用是建立在认识主体的直接现实性的感性活动基础之上的，没有认识主体的直接现实性的感性活动就不会有人的正确认识。但是，与现实世界中的认识不一样，虚拟认识的基本过程是一种全身心的沉浸。什么是全身心的沉浸？所谓全身心的沉浸，它是指在一个虚拟环境中主体基于特殊的装置对虚拟实在进行感知时所形成的精神状态，其最终结果是在这样特殊的环境下得到认识对象"存在在那里"的主观心理感觉。拜尔卡在 1995 年就指出："当今的虚拟实在系统已经跨越了一个门槛，这是一个心理学的门槛，在这一点上我们的感觉系统如此地沉浸在模拟之中，以至于使用者开始有种存在在那里的感觉，这是强有力显现的早期萌芽。"① 正是这样一种认知的心理机制，形成了虚拟认识与现实认识的基本差异。所以，虚拟认识的基本特点是感官沉浸。

立足于拜尔卡的虚拟技术理论，虚拟认识的过程就是借助于媒体来实现的感觉认识过程。在虚拟环境里，计算机的工作依然是按照我们与物理世界相互作用的自然方式来工作。但是，直觉性的运动和活动变成了计算机的命令，所有那些有意识和无意识的身体运动或状态变化都通过媒体转化成计算机输入的信息。这些信息输入的目的无非是为了让计算机对于我们的各种感知觉行为变得更为敏感。我们主体的感知觉行为通过计算机再去控制物理媒体的物理行为，而物理媒体所产生的各种效应再反馈到我们主体的感知觉器官，形成新的感知觉。在这样一个反馈的通道里，输入和输出硬件对于虚拟世界的全身心沉浸是必不可少的，我们主体只有在这些条件下才能实现对虚拟实

---

① Biocca. Fand B. Delaney. Immersive virtual reality Technology. In: F. Biocca and M. Levy. eds. Communication in the age of virtual reality. 57 – 124. Hillsdale. NJ: Lawrence Erlbaum 1995.

在的认识。拜尔卡讲："虚拟实在技术可以被看作为与使用者感觉运动频道相联系的一组可能的输入和输出装置的矩阵，每一个输出装置服务于一个感觉频道，而每一个输入装置则链接到神经运动或者自主神经系统的频道。"① 因此，拜尔卡认为对于这样一个闭环感知觉认知系统，可以用下面（图7）直观地勾画出来。

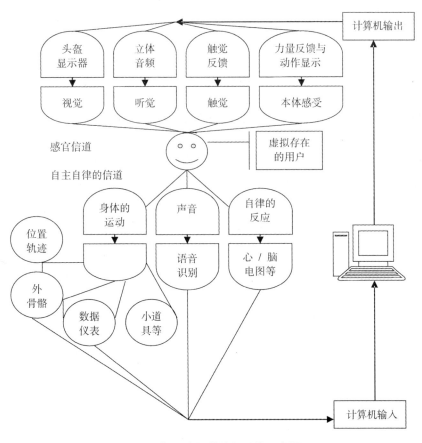

图7 闭环感知觉认知系统示意图

---

① Biocca. Fand B. Delaney. Immersive virtual reality Technology. In: F. Biocca and M. Levy. eds. Communication in the age of virtual reality. 57 – 124. Hillsdale. NJ: Lawrence Erlbaum 1995.

三、虚拟认识的本质与模式

(一) 虚拟认识的本质

尼葛洛庞蒂曾经预言："人类的每一代都会比上一代更加数字化。"[①] 历史也证明，虚拟现实技术出现之后，"概念第一次不再服从于语言规则，相反，在计算机的帮助下，它们可以被转换为无穷无尽的数字 0 到 1 的串行，就如同计算法，就如同所有符号。因此，最为复杂的哲学范畴本身也随之发生了转变。思想、意识、虚拟与实际、实在等等概念第一次用技术形式来表达——或者说可以用技术形式来表达。"[②] 也就是说从认识中介的角度看，虚拟现实技术是一种数字化的中介工具。它变革性的意义就在于把原来在思维空间中进行的抽象思维活动转化成一种看得见的、程序化、行为化了的思维，因而使得人类的思维兼有了人类行为思维与语言符号思维双重特点，既具有前者的形象性与具体性，又具有后者的抽象性、虚拟性。可见，在本质上虚拟现实技术是一种让思维从认识主体的大脑与思维空间中解放出来的认识中介工具。

(二) 虚拟认识模式

认识是一定时代人们的理性思维方式，是按一定结构、方法和程序把认识诸要素结合起来的相对稳定的思维运行方式。就其社会本质而言，任何认识模式都是社会实践活动方式在人脑中的内化，是人的生存状态和存在方式的理性表达。由于认识模式以社会实践

---

① ［美］尼葛洛庞蒂、胡泳、范海燕译：《数字化生存》，海南出版社 1996 年版。
② ［法］勒内·贝尔热、萧俊明译：《欢腾的虚拟：复杂性是升天还是入地?》第欧根尼 1997 年版。

为基础，因此，随着社会实践的发展，每一时代主导性的认识模式也必然会发生相应变化。正如恩格斯所指出："每一个时代的理论思维，从而我们时代的理论思维，都是一种历史的产物，它在不同的时代具有完全不同的形式，同时具有完全不同的内容。"[①]

随着数字化时代的到来，个人计算机和大型计算机的开发、利用和普及，信息技术的长足进步，使"计算不再只和计算机有关，它决定我们的存在"[②]。人类的实践活动形态也由现实实践转向虚拟实践。人类的认识模式也发生了重大转向。当代信息技术的发展与计算机网络的出现，促进了一种新的实践形态——虚拟实践的崛起。在当代，虚拟实践特指人在虚拟空间利用数字化中介手段进行的有目的、双向对象化的感性活动，是人利用数字化中介手段对现实性的超越[③]。与以往的实践形态相比，虚拟实践具有虚拟实在性、即时交互性、沉浸性、超越性等特点。这是一种不同于以往实践形态的新型实践形态。虚拟实践的崛起，表征实践形态产生了重大变化，人的认识过程借助于虚拟和数字化来表达事物，并且在虚拟空间中构造出了新的事物，制造出在自然空间中不可能存在的事物，由此形成了虚拟现实和虚拟世界，这就引发了人类认识模式的转换，表示着人类从现实性的认识模式进入到虚拟性的认识模式。虚拟认识模式既具有一般认识模式的特征和社会功能，也有不同于传统的以现实实践为基础的认识模式的一些新特点。如图8所示：

从中可以看出，虚拟认识模式在传统技术认识模式的基础上发生了转变：

1. 虚拟认识模式是对传统技术认识模式的一种革新。一般说来，认识的过程包括三个基本的因素：认识主体、认识客体和认识

---

① 《马克思恩格斯选集》第4卷，人民出版社1995年版。

② ［美］尼葛洛庞帝、胡泳、范海燕译：《数字化生存》，海南出版社1997年版。

③ 张明仓：《虚拟实践论》，载《博士后出站报告》，2002年第8期。

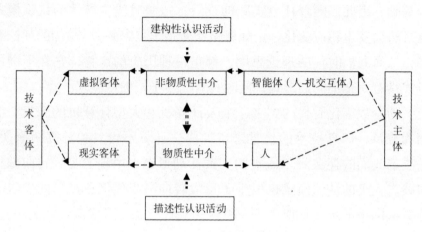

图8 虚拟认识模式与传统认识模式

中介。认识论所要讨论的也就是这三者之间的相互关系以及主客体之间的相互作用模式。在传统的认识论中，主客体之间相互作用的基本模式是：客体 中介 主体。在这个模式中，客体都是指现实的客体，而认识主体则是指具备一定的认识结构、具有一定思维能力的人，中介多指物质性的工具与手段。虚拟技术的发展与虚拟认识论形成大大丰富和发展了传统的主客体作用模式，使得传统的认识论模式发生变革。主体在认识活动中的创造性和能动性得到的巨大的提升，人类认识过程中建构性的因素日益突现。描述性的认识活动是指人们对于既存世界存在规律的认识，在传统的认识论模式就是这样一种认识活动。建构性的认识活动则是对创设新事物的认识，建构性、虚拟性在当代技术认识论中日益凸显出来，人类认识过程逐渐从描述性认识发展成为描述性认识和建构性、虚拟性认识并重的过程，这两个过程互为补充、相互渗透、相互促进，从而大大提高了主体的认识能力和认识水平，共同推动人类认识活动发展到一个崭新的高度。

2. 虚拟认识模式是一种合成性的认识方式。认识的合成性是指超越事物原有的系统，突破原有的限制，把思维的触觉从本系统拓展到其他系统，从不同体系、不同领域、多维视觉寻找最佳匹配，从更高层次、更广阔的背景和关系中去认识对象，由此及彼、由彼及此、由一到多、由多到一。由数字化与信息、电讯、微机、网络革命所创造的虚拟世界，为认识的合成性提供了一个活动平台。虚拟是数字化的构成方式。在信息"数字化"时代，通过数字化、网络，人类创造虚拟世界。在虚拟世界，人类借助数字化将事物置于一个更广阔的系统背景中，从不同体系、不同领域、多维视觉寻找事物的最佳结合点，对事物进行重组、整合，演绎着已经或即将成为现实的各种可能性或不可能性及其发展趋势，以达到对事物的重新认识。这是数字化时代人类实践活动的一大特点。与实践的这一特性相适应，人类思维是合成性的。合成性的认识方式实现了人类思维超越地域性而具有全球性，由封闭而走向开放，从静态的表达进入到动态的表达。这是虚拟实践带给人类认识方式的最大变化之一。

3. 虚拟认识模式也是高度个性化的认识方式。在以往的社会中，个人往往被淹没在"虚幻的集体"中。即使在资本主义大工业时代，标准化、模式化的生产实践，受众是作为一个个"群体"出现的，生产的目的是通过"投其所好而获取高额利润"，而几乎从来没有向"投个人之真正所需"。在这种社会，个人一般只能被动地接受，而少有自主选择的机会。认识的个性化遮蔽在思维的整体性之中。随着当代技术革命和计算机网络系统的发展，个体的自主选择性大大增强。就像尼葛洛庞帝在《数字化生存》中所说："沙皇退位，个人抬头"。这句话比较形象地表明了网络化、数字化为人类提供了一个个人自主性的空间，认识的个性化在数字化时代显得更加突出，也显得更加重要。

人类在认识空间所创造出的虚拟空间，是一个主体高度自由的空间，在这里时空以压缩化状态存在，相互交往的人不必受国家和地域的限制，人与人之间是平等的，没有等级差别，职业、年龄、性别的限制也被摆脱，人们可以自由地发表意见、自由地选择信息。总之，一句话，在虚拟世界中，控制、干扰主体自由活动、自由想象的障碍消失，个体自由、主体独立也日益成为事实上的可能，人的个性在虚拟世界得以最大限度的张扬。网络可以说是主体自由共享的集合体。在数字化所营造的虚拟现实世界，人人都是主人，人人都可以自由选择，这充分体现了主体的自主性、独立性。人类认识的个性化在虚拟思维方式中获得了最充分的展示。

四、虚拟认识论的意义

我们认为在虚拟认识过程中，人－机共生性的主客体关系一方面表现为主体认知功能的扩大化与主体本质的对象化，并在这一过程中创造出虚拟实在的信息环境。事实上，虚拟客体本身就是人们借助于计算机中逻辑程序来再现思想的产物。因此，虚拟对象成为主体思想的逻辑延伸，甚至可以讲成为我们意识的外在化。另一方面，机器又成为我们知性的一个有机的组成部分，它所产生的虚拟实在出现主体化现象。我们的身心结构不仅在逐步化入计算机的界面之中，而且在这一适应过程中发生了深刻的变化。现代西方学者针对视觉文化的不断流行，曾做了一些脑电波的实验，发现了在新的媒介体的影响下，我们人类产生了大脑半球的偏向。在虚拟认识过程中主体的认知已经无法离开虚拟环境，因为离开这种虚拟环境，主体缺乏互动的对象，从而也就无法完成认识过程。其实，人－机的共生性确实形成了对象是主体的延伸，主体成为对象的一部分。与此同时，我们的日常认知活动，甚至我们生活的一切也离不开对象。

　　如果说，在现实世界里，我们人类的认识是建立在实践基础上的认知行为，那么在虚拟世界里，我们人类的认识是建立在界面基础上的互动行为。由于界面的存在，技术在人的认识过程中扮演着重要角色。因为认识对象的虚拟性是技术建构的，主体是通过技术装置和逻辑程序与对象进行相互作用，主体与客体之间的认识与被认识的关系也因为媒介的存在而出现技术建构的属性，因而在虚拟条件下主客体之间的关系出现了技术建构的重要属性。

　　关于技术在人的认识中的作用，海德格尔和麦克卢汉在上个世纪的中叶就非常明确地指出，技术统治的驱动力已经深入到人的内心，到达了思想和实在交汇的语言中。在传统理论中，人们一般是把技术看作为中性手段或工具。而海德格尔则认为技术是一种真理或展现，特别现代技术是一种揭示世界并与之较量的展现。这一过程是通过语言来实现的，语言是实在的超验框架。技术之所以有这种品格，是因为技术本身是一种征架，它意味着把"揭示人即同人较量的那种限定集合起来，以预定的方式把现实物展现为备用物"。[①]技术使人类的认识真理变为实在。麦克卢汉与海德格尔一样，也看到了信息技术和我们的思维方式之间的密切联系。他认为计算机作为语言机器的独到之处，在于它是人类知识的一个组成部分。技术在使世界内容或实体显现的无形背景的操作中起到了关键作用。随着虚拟技术的不断发展，我们人类的认识将会出现更大的变化。由于人类的认识史也是一条自我意识的历史，所以伴随着我们对计算机交互作用的深化认识，伴随着我们对入－机共生现象的深化认识，我们也将会增加对认识本身的认识。

　　约翰·L．卡斯蒂在评价计算机技术（包括虚拟现实技术）时也说："幸运的是，就在复杂系统中不可预测的行为正有力地将自身

---

　　① 〔德〕卡尔·米切姆：《技术哲学概论》，天津科学技术出版社1999年版。

引起我们注意的历史时刻，技术已经向我们展示了一种用来探测它们反复无常的特性的奇妙工具。当然，这种工具就是数字计算机。"①虚拟现实技术实质上是一种极为特殊的模型化方法，它所创造的情景模型是开放的、动态的，是要对世界的复杂性实行全面的关注与考察。正如勒内·贝尔热所指出："某些以时代精神为特征的语词事实上正是被时代精神所消灭，难道不是这样吗？目前的处境要求我们以新的眼光去看待复杂性问题。我们第一次再也无法按照传统留下的概念构架去解决问题。技术第一次超越了它所产生的实物和它所提供的服务决定着我们的行为，甚至我们的思维方式。"② 我们把虚拟现实技术所创造的虚拟环境与虚拟对象可称之为情景模型，这种模型方法与传统的模型方法极为不同，其最大的特点是逼真性与虚拟性共存、复杂性与体验性共存，它增强了认识主体的能力、扩大的认识客体的范围、丰富了认识中介的工具价值。

第一，扩大了认识主体的研究视域。虚拟现实技术创设出来的情景模型的逼真度极高。由于虚拟现实技术具有多感知性、交互性、沉浸性等特点是传统模型方法与认识技术所不具备的，因而它所创设出来的模型具有极高的逼真度。甚至虚拟现实技术所创造出来的模型比作为认识原型的事物更加显得真实，以至于虚拟出来的模型与原型之间的界限变得非常模糊。虚拟现实可以给人们主观的创造带来了充分开阔的想象时空，促使作为认识主体的人的认识能力和创造能力的加速发展。想象在科学创造活动中有着极其重要的作用。爱因斯坦就极其重视想象在科学中的作用，他说："想象力比知识更重要，因为知识是有限的，而想象力概括着世界上的一切，推动进

---

① ［美］约翰.L.卡斯蒂：《虚实世界：计算机如何改变科学的疆域》，王千祥、权利宁译，上海科技教育出版社 1998 年版。

② ［法］勒内·贝尔热：《欢腾的虚拟：复杂性是升天还是入地?》，萧俊明译，第欧根尼1997 年版。

步，并且是知识的源泉。严格地说，想象力是科学中的实在因素。"①
虚拟现实技术创造的情景模型充分发挥了想象的作用，并且把抽象
性的想象变得非常具体和可以感知的对象，从而使得人们不仅是在
抽象的世界和现实的世界之中去认识和感知世界，而且使得人们作
为"景中人"，进入到"可能性"、"虚幻性"的世界中去认识和感
知世界。这就极大地丰富与延展了认识主体的探究视域。

第二，从时间与空间上扩充了认识对象。在复杂的客观世界当
中，宏观物体在空间上的极其广阔、微观物体在空间上的极其微小，
使主体极难甚至根本就无法直接把握它。虚拟现实技术则极大地有
助于人们的探幽入微、叩问宇宙，让主体去探索更为抽象的领域。
例如，虚拟现实技术构造的情景模型可以将抽象的微观世界的规律
形象化，把微观现象放大使得主体可以感知与体验。化学家、生物
化学家可以从三维空间中各个不同的角度观察分子，进行分析研究，
进行裁剪重组并研究其性能的变化。科学家根据已经获得的知识与
现实的条件可以构造宇宙的动态的情景模型，去探索宇宙的起源与
演化。比如，虚拟的情景模型可以将黑洞的巨大的引力效应形象地
展示在人们的面前，乃至使人获得某种部分体验。另外，时间发展
的一维性和不可逆性使得客观世界的任何事物都不可能按照原样重
复。这样，对于那些在时间上已经流逝的事物或者那些转瞬即逝的
事物，主体在认识范围上就受到了非常严格的限制。而虚拟现实技
术构造出来的情景模型既可以将时间短暂的现象拉长，又可以将持
续时间很长的现象缩短，还可以使已经消逝的现象重现出来，从而
突破客体在时间上对主体的限制。人们利用虚拟现实技术构造的情
景模型可以模拟出自然界与人类的起源与演变的大致情况，还可以
虚拟出人类某个历史阶段的发展状况。总之，虚拟现实技术在保持

---

① ［德］爱因斯坦：《爱因斯坦文集》，许良英等编译，商务印书馆 1994 年版。

世界的多样性、复杂性的条件下去提供人们深入考察不断变化着的世界的可能性,从时间与空间两个维度极大地丰富了认识客体。

第三,它是一种革新化的认识工具。众所周知,模型化思维方法是人类认识客观世界的一种重要方式。模型是主体认识客观对象的一种重要的中介手段。所谓模型化方法是指人类为了特定的目的,依据事物相似性的原理而构造出一个与客观认识对象相似的人工认识对象,通过对人工对象的认识而达到认识客观事物的一种认识与思维方法。模型化思维方法的客观依据是事物的相似性。早在古希腊时期,哲学家德谟克利特就曾论述了事物的相似性作为认识论的一个重要原则的意义,他说:“相似的东西只有由相似的东西才能认识”。① 在近代科学实验的产生与发展过程中,模型化思维方法曾发挥了重要的作用。特别是在虚拟技术出现以后,这种模型化的认识方法得到了本质上的提升与改进。诚如派特根与里希特所指出:数字计算机“这种新工具使我们能够看见迄今为止还未揭示的事物内在的联系和含义。特别是当前交互式计算机制图的发展,正在丰富我们的感性认识。而用任何其他科学工具则是无法做到这一步的。虽然它只能在我们面前展现一个想象中的世界,使我们置身于人工的景观之中而忘却现实世界,但是对这些现象的思考能帮助我们揭开自然界的奥秘。”②

虚拟现实技术构造的虚拟环境与虚拟认识客体,就其对现有原型的模拟来说,它是一种对于原型的模拟,提供了一种关于原型的模型。但是,虚拟现实技术提供的是一种特殊的、全新的模型。虚拟现实技术所创造的虚拟模型的特殊性与全新性首先表现为,它不仅可以仿真地模拟客观世界,还可以创造出许多的虚拟情景乃至虚幻情景。人们在虚拟世界中体验的,可能是真实世界的仿

---

① [前苏联] 拉扎列夫:《认识结构与科学革命》,湖南人民出版社1986年版。
② [德] H. O. 派特根、P. H. 希里特:《分形——美的科学》,科学出版社1994年版。

真，也可能是一个抽象概念的形象化，还可以是某种稀奇古怪的幻象。作为对于真实世界的仿真，这样的虚拟世界类似于物质型模型。作为一种抽象概念的模型，是人的思维的通过虚拟现实技术系统实现观念的再创造，并将之形象化的结果。利用虚拟现实技术系统创造出来的虚拟现实，有的是可以最终为人们由物质地实现而转变成现实的现实。更为重要的是，虚拟现实技术的沉浸性与交互性的特点使得虚拟出来的情景模型具有巨大的灵活性、动态性和重复性。利用虚拟现实技术，人沉浸在虚拟现实环境中，与虚拟情景发生着交互式作用。譬如在虚拟环境中，认识主体可以在其中移动到任意的景点，改变图像大小，并适时地改变、调节模型，对模型进行多角度的处理。而且还可以把作为封闭的模型方便地转换成开放的模型，观察其不同的效应。这样一来，把对于模型的具体改进与建立模型过程结合起来，把模型的优化贯彻在建立模型的过程之中。而在传统的工程设计中，往往会出现这样的情形，即设计过程结束时，人工物并不真是人们所希望得到的。而有了虚拟现实技术，我们就可以先造出一个虚拟的对象物及其人工结果，如果发现这样的结果并不反映人的希望时，就可以在事先进行调整。这样，模型在思维中的非物质性的建立过程之中可以得到不断地调节和改进而更加优化，模型的建立与优化合二为一成为一个统一的过程。

综上所述，虚拟现实技术的情景模型是主客体之间的一种特殊的中介，具有工具性和对象性的双重性质，它既是研究的工具，也是研究的对象。它不仅扩大的认识主体的研究视域，丰富了认识客体的范围，也增强与推进了人类的认识中介系统。

第三节　虚拟实在的本质分析

美国虚拟现实技术专家鲁格在为海姆的《从界面到网络空间——虚拟实在的形而上学》一书作序时说到："如果虚拟实在仅仅是一项技术，那么你就不会听到这么多有关它的事情了。然后，虚拟实在就是这么一种技术革新，它可以用于人类的每一种活动，而且可以用来中介人类的每一个事物，由于你全身心地沉浸在虚拟的世界中，所以虚拟实在便在本质上成为一种新形式的人类经验——这种经验重要性之于未来，正如同电影、戏剧和文学作品之于过去一样。它的潜在影响非常之大，有可能界定因其利用而产生的文化。"[①]

一、实在

实在论的起源几乎可以追溯到哲学的创始之初，柏拉图的理念论和亚里士多德的本质说可以说是其早期比较成形的论述，实在论成了本体论和认识论共同关心的对象：在古代主要表现在本体论问题上；在中世纪，对实在的不同理解又构成了经院哲学中的"唯名论"与"实在论"之争；近代哲学中，实在概念一方面被理解为本体论问题，"实在"与"存在"密切相关，"实在"被看作"存在物"的特性，另一方面又表现在认识论上，即深入探讨人类是否有能力认识实在的世界，人类如何才能认识实在的世界，以及人类所认识的世界是否是主客统一和唯一真实的世界等问题和方面。同时

---

① ［美］迈克尔·海姆：《从界面到网络空间——虚拟实在的形而上学》，上海科技教育出版社 2000 年版。

在科学实在论的哲学思考中，关于什么是科学实在的哲学分析，也形成了各不相同的实在论思想和实在论派别。[①] 引人注目的是现当代实在论与反实在论之争已经成了哲学中声势浩大且经久不息的一场运动。不过对实在论的历史考察不是本文的重点内容。[②] 而"实在"问题是一个十分抽象但又必须涉及的哲学问题，因为它涉及何谓实，何谓在，何谓真假有无的问题。而这些问题又进一步都涉及主客体的关系，涉及人的认识能力、认为界限，认识的途径、方法和手段，以及认识的真理性等方方面面的问题。所以在讨论"虚拟实在"之前，我们仍有必要对"实在"这个概念进行一下简单解读。

对任何现象的分析和描述总是要从概念和逻辑形式开始，虚拟现实也不例外，否则就会陷入思维混乱。因此首先要对"实在"这一概念进行一些界定。

关于"实在"的概念，美国实在论哲学家德雷克（D. Drake）给予了比较充分的阐释。他认为在人类的认知实践中，对于"实在"的理解，至少有三条途径或三个出发点：

其一为客观主义。这种观点认为，所谓客观材料就是大家通常熟悉的、在实际生活中围绕着我们身体的那些物理存在。他们以某种方式进入经验，直接被人们知觉，久而久之，就构成人们通常所谓的实在对象。

其二为主观主义。这种观念认为，知觉材料是心理存在体，它们充其量不过是外在对象的摹本或表象。在这个意义上，尽管主观论者也承认知觉对象的存在，但是出于其理论本身已经内在地将知觉对象封闭在人的心理观念之中，这就决定了主观论的"实在"概

---

① 郭贵春：《后现代科学实在论》，知识出版社 1995 年版。
② 《关于哲学上实在论发展的详细介绍》，见张之沧：《当代实在论与反实在论之争》，南京师范大学出版社 2001 年版。江怡：《20 世纪英美实在论哲学的主要特征及其历史地位》，载《文史哲》，2004 年第 3 期。

念与客观论的"实在"概念有质的区别。

其三为主客观者承认有一个实在的世界存在的话，那么一定会得出结论：我们的经验就等于存在。然而几乎任何人在实践上都会相信人的经验内容总是有限的、狭窄的，甚至完全是表面的和不可靠的。而事实上，大多数人都相信许多事物都永恒地存在着。主客观融合论者也批判了客观论，指出：人们没有理由相信心理状态或物理对象的存在。我们说周围的物理世界是存在的，只是基于一种实践上不可避免的本能信念，是本能地感觉到平日看到的现象实在世界的物理特性，没有去深入地思考和怀疑。……我们没有充分的理由能够证明它们的存在，至多只能够先验地和朴素地设想："我们的知觉材料实际上是外界存在的一些问题，是我们周围的物理对象的一些片断和表面。"①

什么是主客观融合论者的"实在"概念呢？对此，美国的批判实在论者蒙太格提出一种"认识论的三角形"。在他看来，人的认识中存在三种东西："外在对象，有意识的有机体，以及知觉材料，亦即被觉知的性质复合体，这个性质复合体，在完成知觉过程的场合，总是包含着不属于对象本身的真正的特性的一些性质上的特征的。"②依照主观论融合者描绘的世界图景，我们必须为其中一切有意识存在体的个别心理状态留出地位，也必须保持这些存在体与认识的物理对象有所区别。在某种意义上，我们确实是直接地掌握或觉知了外在对象，但这是一种逻辑上和本质上对于对象的掌握，而不是朴素实在论或新实在论者所假定的对象与经验的存在上的等同。我们的本能和感觉认为所有被觉知的东西并不是一种观念，而是被认识的对象本身，这种感觉在很大程度上是真实的。但物理对象本身却并不进入经验之中，因而我们就有着多种多样的存在体，以及被认

---

① ［美］德雷克等著：《批判的实在论论文集》，郑之骧译，商务印书馆1979年版。
② ［美］德雷克等著：《批判的实在论论文集》，郑之骧译，商务印书馆1979年版。

知的许多对象。

除了上述关于"实在"的三种类型的规定之外，在哲学史上几乎有多少种实在论，就有多少种对于"实在"概念的理解和规定。比如，"实体实在论"认为，"科学理论描述的实在很大程度上是独立于我们的思想和理论的承诺的。"[①] "知觉实在论"主张物质客体在时空中独立于人的知觉存在。"直觉实在论"则认为实在的客体整体或部分地通过人的直觉、感受得以识别。"科学实在论"主张科学研究的客体在绝对或相对的意义上独立于科学家或者他们的活动。还有一种"先验实在论"，它反对所有非内在的实在论，提出一个纯粹的人类不可认识的他物，它可以想象但是不可言说，等等。

"非实在"究竟指谓什么呢？在实在论者看来，它们大概只是幻想、虚构、宗教、神话，以及一切纯粹的文字游戏。"概括有关'非实在'的规定和类型主要有如下几种：一是纯粹的虚无；二是纯感觉、纯经验和纯思维，即波普尔所谓的'第二世界'；三是感觉和知觉对象、观念和观念对象的复合物或融合体；四是不可见和不可认识的事物；五是由哲学家、艺术家和科学家人为建构的世界。"[②] 虽然可以列举的非实在如此之多，但却鲜有充足的理由证明这些"对象"是绝对的非存在。而且，倘若人们承认科学和经验包含谬误和虚假的话，那么也就没有理由相信科学和经验描绘和提示的对象一定是实在的。

那么，究竟如何理解实在呢？"从逻辑上讲，'实在'就是指存在于一切时空中的能够为人类所感知的事实，包括一切物理现象、精神现象和物化的精神产品；'非实在'即指在一切时空中都不存

---

① Boyd, R. 'The current status of scientific realism', in J. Leplin (ed.): Scientific realism, Berkley [M]: University of Californiia Press, 1984, p42.

② 张之沧:《当代实在论与反实在论之争》, 南京师范大学出版社 2001 年版。

在，因此也永远不能为人类所感知的纯粹的精神虚构和梦幻。"① 如果按照这种逻辑规定，无论在哲学史上还是在现实中都找不到一个"非实在"论者，因为没有哪个人会否定自身生活于其中的物质世界的实在性。所以，我们的任务主要不是在逻辑上界定何为"实在"，何为"非实在"，而是在人的认识中区分究竟哪些是"实在"的或"非实在"的，以及"实在"和"非实在"究竟指谓什么的问题。因此，关于"实在"的争论不只是一个本体论问题，也是一个认识论和社会实践的问题，而虚拟认识与此紧密相连。

二、虚拟实在的本质分析

虚拟实在技术刚刚出现，便立即引起了哲学家的关注。哲学家们之所以看重虚拟实在技术的哲学内涵，提出这些迷惑人的哲学问题，是对虚拟实在所作的深刻的思考。柏拉图的洞穴学说可以说是一个古老的"虚拟实在"问题，贝克莱的主观唯心论，则把人所认识的外在世界看作是一个虚拟化的存在。比如威廉·西（William Seager）就认为，在"范·弗拉森的'构造经验主义'"反实在论中，如果将中心概念"理论沉浸"改用为"虚拟现实"，就可以更好地弥补其哲学论证中的缺陷。② 此外，克劳斯·迈因泽尔（Klause Mainzer）还把多维信息空间与普特南的"缸中之脑"联系了起来，以提醒人们注意这样的观点："我们的所有印象也许都是由我们的大脑及其精神状态产生出来的幻象"。③

Virtual 一词，我国科技界通常译为"虚"、"虚拟"，有仿照、

---

① 张之沧：《当代实在论与反实在论之争》，南京师范大学出版社 2001 年版。

② William Seager, Ground Truth and Vritual Reality: Hacking vs. Van Fraassen, Philosophy of Science, 1995, 62: 459－478.

③ Klause Mainzer, Thingking in Complexity, Belin: Spinger, 1996, Section 5, 4.

扮演的意思，《现代汉语词典》对"虚拟"的解释有两种，一是指不符合或不一定符合事实的；二是指虚构，即凭想象选出来。《辞海》对"虚拟动作"就作"表演艺术术语"解，谓"中国戏曲中应用最多。如以扬鞭虚拟骑马或以划桨虚拟行船等"。从词义上看，要理解"虚拟"，首先必须解释什么是"虚"，一般我们可以认"虚"是一种不真实的存在方式，与"虚"相对应的概念是"实"，从哲学的意义上研究，"实"一般是指客观存在，是一种真实的存在方式，"实"泛指各形式的物质及其过程。虚拟也不是现实的对立物，更不等同凭空捏造的虚假和虚构。事实上虚拟是基于实现的一种技术存在，是对现实的模拟、仿真、变形、缩微或扩张，借用德里达的话语也可以说，是"在场"孕育的"不在场"，换言之，是"不在场"按主体意志演绎的新"在场"。因此，虚拟现实仍然应被看成是基于实存的存在，是宇宙复杂系统中某一子系统的关系实在。国内最早提到"virtual reality"时，技术专家将之译为"虚拟现实"，"钱学森同志为了使人们便于理解和接受'virtual reality'技术的概念，按中国传统文化的语义称 VR 技术为'灵境'技术。这个'灵境'概念正越来越多地被中国科技界的人士所引用"。① 1996 年，金吾伦在《光明日报》上撰文指出，"灵境"是一种意译，与原意相距较远，而"reality"一词只能译为实在，不能译为"现实"。他认为，"只有在把现实理解为等同于实在的极端情况下，虚拟实在也就是虚拟现实"。② 随后，针对"virtual reality"一词展开了争论。北京大学的朱照宣、刘华杰、潘涛等认为："'virtual reality'就是身临其境、临摹出来的'境'。"而"灵"字不宜用在科技术语里，因此他们主张将"VR"译为"临境"；中山大学的关洪认为应译为"虚

---

① 孙柏林：《虚拟实在：帮助人们"畅游未来世界"的高新技术》，载《未来与发展》，1995 年第 5 期。

② 金吾伦：《关于"virtual reality"的翻译》，载《光明日报》，1996 年 10 月 28 日。

实"，即虚的实。目前对于 virtual reality 的译法除了"虚拟现实"和"虚拟实在"之外，还有诸如"实境技术"、"人工实在"、"模拟实在"、"虚拟环境"、"虚拟真实"等等，当然以上的译法都有其合理之处。由于英语和泽语的语义差别，每个人的理解也不一样，但是为了交流和学术的规范，我们认为对"virtual realtiy"的最好的译法应为"虚拟现实"和"虚拟实在"，但在本文认为"虚拟实在"这一译法是比较恰当的。

从语义上看，"虚拟（virtual）"是指"虽然没有实际的事实、形式或名义，但是，在事实上或效果上存在的"；"实在（reality）"是指"真实的事件、实体或事态，或者说，是指客观存在的事物"。如果仅仅单独考虑以上两词的意思，把"虚拟"和"实在"合在一起似乎会出现我们平时所认为的矛盾用语，就像说"圆的方"一样。但是这两个词合起来的"virtual reality"这一术语在计算机和电子技术领域内通常被翻译为"虚拟现实"，而在哲学领域内被翻译为"虚拟实在"，它是指"在功效方面是真实的，但是，事实上却并非如此的事件或实体"。在技术层面上，"虚拟实在"是合成"实在"的一种手段，其根本前提是为人与计算机的共同工作创造更直觉的交互方式，使参与者在虚拟世界中可以做类似于真实世界中可能实现与不可能实现的事情。正如尼葛洛庞帝（Nicholas Negroponte）在《数字化生存》一书中提出："虚拟现实背后的构想是，通过让眼睛接收到在真实情境中才能接受到的信息，使人产生'身临其境'的感觉。"①

虚拟是一个在现实世界中发生的人类实践过程，更严格地说是一个技术过程，虚拟的现实物质基础是计算机网络系统，技术手段为用数字化的信息处理方式存贮和展现虚拟的内容。虚拟内容则由

---

① ［美］尼古拉·屁葛洛庞帝、胡泳、范海燕译：《数字化生存》，海南出版社 1997 年版。

所有参与者（包括程序设计者、信息提供者、游戏参与者等等）提供。从人工产品的意义上说，虚拟属于波普尔所说的世界3的活动。虚拟是再现虚构的手段之一，"虚拟世界"虽然是由现实存在的客观事物（计算机网络系统）产生的衍生物，它的存贮和展现离不开计算机网络系统和相应的技术手段，但它所展现的内容却可以大大超越现实，将思维中的某些虚构具体化、形象化，为人们展现出许多在现实中不可能的可能性境域，并能加深对虚构的理解，从而更加触发联想，有利创造，电子游戏提供了一个众人参与和共享虚构的场域，虚拟现实技术则可使人们对虚构的情景产生亲临其境之感。

"虚拟"的本质是将事物的某些属性抽象化、符号化、数字化，是人类表达思想和情感的手段之一。早在计算机技术出现以前，人们就开始应用虚拟的方式来突出事物的某些特殊属性以表达情感或达到方便应用的效果。例如，原始舞蹈中模仿生产或生活实际的动作就是人类最早的一种用虚拟来表达某种情绪的方式，象形文字的产生也是虚拟化的结果。货币的发展史则是一个典型的从实体到符号化、数字化的虚拟化过程，从以物换物到货币的出现，最初带有偶然性，牲畜、贝壳、布帛、金银等商品都曾在不同地区执行过作为一般等价物的货币职能，最后逐渐固定在金银等具有使用价值二重性的特殊商品上，纸币的出现则完全舍弃了其作为商品的作用价值，只保留了它作为价值尺度、流通手段、贮藏手段、支付手段和世界货币的职能，而电子货币的出现则进一步把纸币这一最后有形的物质载体虚拟化了。

从以上的分析中，我们可以看出将真实感的传达和交互性两个方面综合起来就形成了虚拟实在的概念。所谓真实感的传达就是人们可以进入计算机生成的三维图像和立体声所展现的能够与人互动的计算机仿真场景：互动就意味着我们不再是场景的观察者，并且可以是参与者。如虚拟游戏。金吾伦教授认为："虚拟实在的本质包括三个方面，其一是虚拟实在是一种以动态形式创造一种可选择的数据表达的系统。VR 系统的基本特征即 3 个"I"：Immersion – Interaction – Imagination（沉浸 – 交互 – 构想）；其二，从社会层次上看，VR 是由技术创作的，不同于精神和意识的人造物，VR 是实在的；其三，从哲学层面上看，VR 是计算机创造和生成的一种新的实在。"① 虽说金吾伦的阐述表明了世界的多元性，但是他毕竟没有详述这种新的实在和现实实在之间的联系和区别。事实上，虚拟实在利用的是人的视觉，它把计算机处理出来的视觉、听觉和触觉信号以适当的方式输送到人的感觉器官，因而人无法区分他所接受到的信息究竟是虚拟的还是真实的。换而言之，计算机中的信息实际上是有关的程序和预先存储在计算机中的各种文本成为了人们认识的来源。

对此，海姆在《从界面到赛博空间——虚拟实在的形而上学》一书中对虚拟实在的本质从七个方面进行了论述。② 而我国计算机专家汪成为院士则概括得更为简单："一个典型的虚拟实在环境是由人和虚拟实在系统两大类组成，而虚拟实在系统又由三部分组成。它们是基于先进传感器的人机接口、具有多媒体功能的计算机系统和面向虚拟实在的软件系统。"③ 胡心智认为："虚拟实在的本质，从严格的意义上讲，它是兼有物质和意识的中性物，电子这个载体就是物质，而种音像、图形、文字、信息，应该是物发出的物息，而物息就已经开始跨入了意识的门坎，物息的进一步发展就形成了意识，因此，虚拟实在既有物质成分又有意识成分，它是由物质向意

① 康敏：《关于"virtual reality"概念问题的研究综述》，载《自然辩证法研究》，2002 年第 1 期。
② ［美］迈克尔·海姆等：《从界面到网络空间：虚拟实在的形而上学》，金吾伦、刘刚译，上海科技教育出版社 2000 年版。
③ 汪成为：《人类认识世界的帮手——虚拟现实》，清华大学出版社 2000 年版。

识的过渡，是物质向意识转化的中间环境。"①

从以上的对于虚拟实在的本质论述中，我们可以看出虚拟实在是针对个人而设计的模拟局部现实世界的技术系统。虽说是仁者见仁，智者见智，但是大致上都认为：虚拟实在是利用技术手段在人和机器之间传送感觉信号，逼真地再现人类熟知的现实世界，它是实际上而不是事实上为真实的事件或实体。

第四节　虚拟实践

一、虚拟实践

语言符号中介以生物智能为基础，而虚拟现实则以集成技术为基础，前者通过逻辑认识传递信息，后者是用 BIT 介质传递信息；因此，从思维与实存的关系看，语言符号系统应为一阶知识（以人的主体性为核心，是人与动物界质的区别），而虚拟技术不过是为语言符号系统提供了新的物质载体和扩展了交往传播的手段，但归根结底是人造的世界或空间，属于二阶知识（是主体性的进一步扩充）。进一步说，虚拟技术必须依赖或借助语言符号系统的基本元素来发挥其技术功用，它显然是语言符号系统的技术延伸和扩张。"它的首要意义不是对自然的超越而是人对自身存在的内容突破和超越"，"更凝结着主观创造精神，更能反映实践的自为性，因而更深刻地体现了人的实践本质。"② 自然原语言符号系统也可兼容触觉、

---

① 胡心智：《信息网络的虚拟技术对物质观及中介的影响》，载《科技技术与辩证法》，1999年第 6 期。
② 刘友红：《人在电脑网络社会里的"拟生存"》，载《哲学动态》，2000 年第 1 期。

嗅觉、味觉等其他感知元素，这正是虚拟现实利用集成技术再造和扩展虚拟语言符号系统的现实来源和实践根据，即使是"虚构"也要合成自然和技术的语言符号要素来生成人的想象世界。虚拟的中介活动实际上是一个主体积极参与的巨量信息加工、处理和传播的过程，而这一过程对主、客体互动关系的影响主要在于：主体不必再受制于物质实体事必躬亲地去实践（事实上也不可能），而是可以通过新中介（BIT 数据）与老中介（自然语言）的"链接"，把人类社会活动的信息经由计算机系统进行符号处理和转换，置身于一个新的关系实在的虚拟实境中，深入对客体丰富性的认识，寻求对客体多样性的选择。由此，我们就突破了仅把虚拟过程当作中介范畴的直观映象，实事求是地阐明了虚拟现实的实践本质，而引入"虚拟实践"概念，对我们继续探讨虚实世界的关系至关重要。

马歇尔·麦克卢汉（1911—1980）在 1960 年曾提出"地球村"（Global village）概念。这在当时并不是一种事实，而只是预言者的想象。随着因特网和信息技术和发展，"地球村"正由一种预言和比喻转变成为人人可感的事实。可以说"因特网把地球变成了货真价实的比喻。换言之，它把地球村从比喻变成了接近现实的白描。"①凭借当代模式识别、计算机技术、通信技术、网络技术、全息图像技术、自然语言理解和新传感手段等跨学科技术的快速发展融合，在由计算机系统生成的赛伯空间（cyberspace）中，人类正在将自己的实践活动推进到虚拟实践阶段。保罗·莱文森在谈到中国文字所受因特网的影响时，曾说：随着数字化的发展，"我们可以说拼音文字与会意文字的区别抹平了。实际上，反过来也可以说，几乎人们都能够轻轻松松地'写'会意字了。因特网使人类的许多活动实现了非集中化，它也可能对中国文字产生同样的影响。这就会对人类

---

① ［美］保罗·莱文森：《数字麦克卢汉：信息化新纪元指南》，何道宽译，社会科学文献出版社 2001 年版。

活动的各个领域——创新、艺术、社会、教育、政治等领域——产生影响，因为媒介的变化总是要产生各种影响的。"① 虚拟实践并不神秘。"全部社会生活在本质上是实践的"，"实践是人类存在的根本方式"。虚拟实践可以看作并未脱离目的论控制的主体通过信息化、数字化渠道进行的互动式活动。在技术革命的推动下，人类交往呈现出"数字化"、"虚拟化"、"全球化"等虚拟实践的特征。

"每一个时代的理论思维，从而我们时代的理论思维，都是一种历史的产物，它在不同的时代具有完全不同的形式，同时具有完全不同的内容。"② 虚拟实践利用的超文本（hypertext）技术是电子信息网络中一项非常重要的技术支持，基于此项技术的 WWW（万维网）及其浏览器（browser）自 20 世纪 90 年代问世后便风行全世界。这项技术能以非线性方式链接各种 HIML（超文本描述语言）文本（含文件、语言、图形、图像等），超文本的出现和盛行，会强化人们的非线性思维。媒介理论家麦克卢汉曾于 1964 年在《理解媒介》中指出："电力技术结束了陈旧的二分观念，即文化与技术、艺术与商务、工作与休闲的二分观念。"③ 虚拟实践的发展，一方面通过工具的电子化、信息化，提升生产中的科技含量，另一方面又增加了人们对信息的获取、传递、处理和运用能力，同时它又扩大了劳动对象范围，使数据、信息、知识等都成了新的劳动对象，可见它能更有效、更充分地发挥社会化分工与协作蕴含的生产力。又要注意到，虚拟实践的兴起，也使人们面临"信息超载"的困境。

张明仓博士认为，虚拟实践是人利用符号化或数字化中介超越现实性的感性活动。在广义上，虚拟实践泛指人们利用符号化手段

---

① ［美］保罗·莱文森：《数字麦克卢汉：信息化新纪元指南》，何道宽译，社会科学文献出版社 2001 年版。
② 《马克思恩格斯选集》第 4 卷，人民出版社 1995 年版。
③ ［加］马歇尔·麦克卢汉：《理解媒介：论人的延伸》，何道宽译，商务印书馆 2000 年版。

有目的地进行超越现实性的感性活动。在狭义上，虚拟实践则是特指人在虚拟空间利用数字化中介手段进行的有目的的、双向对象化的感性活动，是人利用数字化中介手段对现实性的感性超越①。

由于人具有超越现实的冲动，人的活动普遍地具有虚拟性，具有虚拟性质的实践也广泛地存在着。自古以来，人类的许多实践（如实验、测试、模拟、训练、演戏等）中都包含着虚拟性因素，在广义上看，它们都是"具有虚拟性的实践"。

狭义的虚拟实践是广义的虚拟实践的基础上的当代发展，是在当代高科技的基础上实现的人类实践的重大变革。这种虚拟实践是使用数字化符号在虚拟空间建构对象性存在的新型实践方式，其中介手段是由电子形成的一连串的 0 与 1 数字或"数字包"，实践过程是将信息内容按一定程度加工和储存，实践的结果可以直接展现在虚拟空间里，并以电、磁的方式存储和传播。实践中介的"数字化"和存在形态的"虚拟化"，是其显著特征。狭义的虚拟实践是一种纯粹形态的虚拟实践，本文主要探讨的就是狭义的或纯粹形态的虚拟实践及其相关问题。

当然，真正地理解虚拟技术给人类带来的新的实践形式，我们还必须进一步地理解人机互动界面的本质，因为在虚拟条件下，人的实践是与界面发生直接的相互作用，而与对象发生间接的相互作用。从计算机技术的角度看，界面最初指的是用来连接电子线路的一些硬件适配器，后来主要是指视频硬件，今天还包含着软件。这也是人们通常的含义。从现在看来，界面的技术含义用来刻画两种或多种信息源面对面的交汇之处，表征着人与机器的连接。它的外延不仅指的是视频硬件，而且也是指软件。海姆指出："界面指的是一个接触点，软件在此把人这个使用者和计算机处理器连起来。这

---

① 张明仓：《虚拟实践论》，载《博士后出站报告》，2002 年第 8 期。

可是个神秘的、非物质的点，电子信号在此成了信息。正是我们与软件的交互作用，才创造出界面。界面意味着人类正被线连起来。反过来说，技术合并了人类。"① 可见，在这个层面上界面成为主体感受虚拟世界的中介。过去人类也利用工具中介参与对象的认识与改造，但是，以往的工具性质只具有单向的功能，它只能根据特定的功能来机械地帮助人类从事特定的工作。因而以往工具是人类感觉器官的延伸。然而，界面却是一种智能性集成工具，它具有多种功能，特别当软件富有智能性时，它还能互动地帮助人类提高和修正思想。因此，它不能简单地看成是人类感觉器官的延伸，而且还是人类思想活动的符号化结果。海姆深刻地指出："在一种意义上，界面指计算机的外围设备和显示屏：在另一种意义下，它指通过显示屏与数据相联的人的活动。"② 界面成为人类心灵的表现，一种人的活动，更确切地说成为人与虚拟实在相互作用的中介。这似乎是天方夜谭，然而这却是事实。因为当我们坐在界面前，我们本身就是把自身的实践行为赋予界面，让它代替人与虚拟实在发生"感性的相互作用"而我们自身却透过电子框架面对着经过自己处理的无穷无尽的符号和信息，去体验一种受控的对象世界。从器物走向界面，我们感到人类的实践出现了电子的扩展。如果说物的工具表征着人类感觉器官的延伸，那么界面就是人类实践的电子延伸物。

二、虚拟实践与技术实践的关系

在传统哲学体系中，人的实践活动是从主体和客体、人与物的

---

① ［美］迈克尔·海姆：《从界面到网络空间——虚拟实在的形而上学》，上海科技教育出版社 2000 年版。

② ［美］迈克尔·海姆：《从界面到网络空间——虚拟实在的形而上学》，上海科技教育出版社 2000 年版。

相互作用中去理解的。在人的认识过程中，主客体的界线是相当明确的，特别是人的实践对象只能从客体的、物的方面去理解。尽管对象世界或感性世界只有通过人的实践活动才能成为人的对象，才能赋予主体的属性，但是却不能创造或取消感性世界的客观实在性。人的实践对象，也就是感性的对象世界如果除去人为的、主体的属性的话，它总还存在着天然的物质基质。而实践的主体是与周围这个感性世界相对应的现实主体，并在现实社会生活中得到了本质性的规定。只有当主体和客体、人与物之间呈现出一种直接现实性的感性活动时，这时人才进行着实践活动。

然而，在虚拟环境中人的认识过程发生了重大变化，整个的认识过程是人通过界面和计算机辅助系统与虚拟实在发生相互作用而实现的。由于界面的存在，我们主体的感知觉所经验到的对象表现为有别于现实性的虚拟实在形式。在这样的感觉世界中，主体既涉及其中的硬件设备，比如显示器和辅助装置，同时又涉及具有逻辑符号系统性质的软件。从界面的本质来看，主体所涉及的主要对象是其中的软件。正因为主体所处理的对象是一种软件，因而在他感觉器官中所形成的感性世界并不完全是由物的实在性所决定的，因为人机互动的界面所反映的对象是一种信息，是载荷意义的符号，是通过软件来实现的思想创造物。正是缘于这种性质，主体在虚拟认识的行为方式上，表现出与传统实践观所不一样的实践性质。人的实践对象虽然仍然是感性世界，但是这种感性世界在一定程度上已经是精神的产物，思想的客体，本质上不是现实的、物的感性世界。

虚拟实践是一种新的感性活动，它创造了一种不同于以往现实世界的新感性世界。"感性"在哲学史上是一处重要哲学范畴。在马克思哲学问世之前，针对以黑格尔为代表的唯心主义者抬高理性、贬低感性的做法，费尔巴哈曾倡导"光明正大的感性哲学"。费尔巴哈所谓的感性包括相互联系的两层含义：一是指人的感觉、直观、经验以及情感、欲望等等；二是指"感性事物"、"感性对象"，即可以感觉的现实的对象和事物，与当时流行的抽象理性主义观点截然相反，费尔巴哈认为，只有感性的实体才是真正的现实的实体，因此，人生活于其中的现实世界是"感性世界"。费尔巴哈把人的本质理解为类，人的类本质是感性和理性的统一，而理性必须以感性为前提。因而，他强调人的本质是感性，而不是虚幻的抽象或精神。在自然的、生理的、感性的人的本质基础上，费尔巴哈把理性、爱、意志看作人的类本质。在认识论中，他强调感性认识的作用，论证了认识起源于感觉，感觉先于理性，感性是认识的起点和基础，是沟通主体与客体的桥梁。费尔巴哈把主体和客体都看成是感性事物，主体是具有感觉能力的存在，客体是感觉所接触并确认的客观存在。主体与客体同一性的内在机制在于感性，感性使二者相互联系、相互作用、相互转化。客体通过感官转化为主体的感觉和思想，主体在认识外物的同时也认识到自己。他指出，感觉的具体形式具有多样性。感觉的形式是主观的，但它的基础或原因是客观的。他认为，感觉是客观救世主的福音和通告，人类共同的感性直观是理性的标准。

　　"把感性理解为实践活动"，这既是马克思创立实践的唯物主义的基本前提，也是马克思哲学的重要创新和贡献。马克思曾在形式上如费尔巴哈那样，在"感觉"、"感受"以及"现实的"、"实际的"、"真实的"、"具体的"、"活生生的"等意义上使用过"感性"一词，并把它与"抽象性"、"虚无性"、"超验性"、"想象性"、"思辨性"等相对应。但他更强调从与人相关的、属人的对象、人的全部文化产物的意义上使用这个词语，强调"把感性理解为实践活动"。一方面，马克思批评唯心主义"不知道真实现实的、感性的活动本身，"批评它只是抽象地发展了主体能动性，强调对"感性"

必须当作实践去理解。另一方面，马克思批评包括费尔巴哈在内的旧唯物主义者由于不了解"革命的"、"实践批判的"活动的意义，因而，他们对于事实、对象、感性，"只是从客体的或者直观的形式去理解"，而不是把它们当作实践去理解，不是从主体方面去理解；甚至费尔巴哈对人的理解也只是局限于把人理解为"感性对象"，而不是"感性活动"即实践。因而，旧唯物主义者并不能真实理解人及人的活动，他们抹杀了主体的能动性。唯心主义哲学和旧唯物主义在"感性"问题上各执一端，其陷入误区的共同根源都在于：不了解人的感性的实践活动及其意义，不了解人周围的感性世界既不是人的观念凭"空"创造出来的，也不是物质自然界自然而然地产生出来的，而是由人的感性实践活动根据物的外在尺度、物的发展规律和主体人的内在尺度及人的本质力量现实地塑造出来的。在马克思哲学视域内，实践是主体和客体之间的实际的交互作用和物质、能量、信息交换的过程，是一种感性的客观过程。人生活于其中的现实世界是一个属人的感性世界，而不纯粹是一个自在世界，因为它是人类感性的实践所造成的，并随着人的实践活动的发展而发展。马克思在批评费尔巴哈只能以自然主义的、静态直观的方式看待其周围世界这一局限时，强调人的实践活动是感性世界赖以产生的基础。他说："这种活动、这种连续不断的感性劳动和创造、这种生产，正是整个现存的感性世界的基础。"①

马克思哲学强调把感性理解为实践活动，强调实践是整个现存感性世界的基础，强调以实践的思维方式理解人、感性世界以及人与感性世界的关系，这体现了马克思哲学实现哲学变革的关键和实质。当然，由于时代的局限，马克思当时并没有也不可能直接考察数字化时代的虚拟实践活动，但他提倡的"把感性理解为实践活

---

① 《马克思恩格斯选集》第 1 卷，人民出版社 1995 年版。

动"，对于我们合理理解数字化时代的"新感性"却具有指导意义。

"感性"作为一个社会历史范畴，总是随着人类实践方式的变革而不断发展的。在数字化时代，在传统的人与自然、人与社会的感性关系的基础上增加了一个新的感性平台，即人－机新感性，它扩大了人的感性范围，形成了一个新的感性世界。这种"人－机新感性"不是从自然平台上产生的，而是在人－机的相互作用中以数字化方式产生的。对于这种新感性，我们依然要像马克思所要求的那样，要从实践角度来加以理解。实践依然是数字化时代形成的新感性世界的基础。

不过，这里所说的实践，已经不仅限于传统意义上的现实实践，而是更指虚拟实践。正是在虚拟实践中，人的各种感官、感觉、计算机、网络等在彼此交互影响的基础上，形成了人－机感性。从虚拟实践的角度，我们可以更深刻地理解《数字时代》杂志发行人提出的这样一种观点：世界正在进入"E 时代"。这里所谓的"E"，可以指代一些以它为首写字母的具有感性特征的词语，它既可指代人类的听觉和视觉器官——耳朵（Ear）和眼睛（Eye），也可指代人类的情绪（Emotion）和地球生态（Earth，Ecology），还可指代一切电子（Electronic）的沟通和活动。虚拟实践使人类第一次拥有了二重化的人类社会：现实社会和虚拟社会，并由此而拥有了两个感性平台：现实的平台和虚拟的平台。从而，人的感性方式就由原来的直接层面向多维度感性方式扩展。在以往的现实平台上，人的感性空间局限在人类生存的经历和现实条件中，即使那些创造性思维、极富想象力的神话故事和科幻小说等，也都可以在现实中找到原型。它表明，人的思维是有局限的，人的感性方式也是有局限性和狭隘性的。而在数字化的虚拟空间，随着虚拟技术和虚拟实践的发展，传统的感性方式，几乎都可以在虚拟空间中以"人－机交互"方式实现。当然，虚拟空间中的这种"人－机"新感性并不只是复制式的，即它不只是对现实生活中的客观事物的复制性描述，它还是创造性、超越性的。虚拟实践能够进行超越现实的创造，即对真实"属性"的创造，如虚拟战场、虚拟商场、虚拟会场，甚至虚拟经济、虚拟政治等等。在虚拟实践中利用虚拟技术形成的逼真三维感性世界，是人类身体和器官的延伸，它标志着人的感觉的新解放。①

可见，虚拟实践是在虚拟空间中形成的"人-机新感性"的基础。只有把虚拟实践理解为一种感性活动，只有通过虚拟实践来理解虚拟空间的感性，我们才能真正理解虚拟空间中人与社会、自我与环境、主体与客体的内在关联性和统一性。这再次印证了马克思的那一著名论断："环境的改变和人的活动或自我改变的一致，只能被看作是并合理地理解为革命的实践。"②

---

① 齐鹏：《论网络时代的感性》，中国人民大学出版社 2002 年版。
② 《马克思恩格斯选集》第 1 卷，人民出版社 1995 年版。

第五章　技术认识的经验转向

第一节　技术哲学的经验转向

一、技术认识与经验

如果把技术看成一个系统的话，技术本身就由许多要素组成。有的学者认为，技术中应该包含实体性要素（工具、机器、设备等）、智能性要素（知识、经验、技能等）、协调性要素（工艺、流程等）。① 也有学者提出，应该将技术要素分为经验形态的技术要素，主要是经验、技能这些主观性的技术要素；实体形态的技术要素，主要以生产工具为主要标志的客观性技术要素；知识形态的技术要素，主要是以技术知识为象征的主体化技术要素。无论是哪一种划分，经验性要素主要是经验、技能等这些主观性的技术要素都首当其冲成为技术本质不可缺少的组成部分，主要强调了技术具有实践性，这也正是技术与科学的最基本的区别所在。

认识技术或研究技术认识就不得不提经验。"经验"一词在哲

_____

① 陈昌曙：《技术哲学引论》，科学出版社 1999 年版。

学上通常指感觉经验，即人们在同客观事物直接接触的过程中，通过感觉器官获得的关于客观事物的现象和外部联系的认识。达·芬奇认为，经验既是认识的来源，又是检验认识正确与否的标准。他说："我们的一切知识，全都来自我们的感觉能力"，"智慧是经验的产儿"。又说："经验是一切可靠知识的母亲，那些不是从经验里产生，也不受经验检定的学问，……是虚妄无实、充满谬误的。"[①] 罗吉尔·培根也说，"没有经验，任何东西都不可能充分被认识。"[②]

　　特别是随着自然科学、实验科学的长足发展，经验逐步上升为哲学的主要概念。围绕着经验及其与理性的关系，经验论哲学与唯理论哲学之间展开了争论。对经验有唯物主义与唯心主义两种根本不同的理解。唯物主义经验论的代表培根、霍布斯等人认为物质世界是感觉、经验的客观基础，经验是一切知识的源泉。洛克认为"我们的全部知识是建立在经验上面的；知识归根到底都是导源于经验的。"（人类理智论）他把经验分为两种：外部经验（感觉）和内部经验（反省），强调后者"是不能由外面得到的"，对经验作了既具有唯物主义性质，又带有唯心主义色彩的二元论的解释。贝克莱、休谟、马赫等人，用唯心主义观点解释经验，否认经验的客观内容，认为经验是纯主观的东西，或来自心灵，或由上帝放入人心。休谟把经验看作是人心中的一束知觉，对其外在来源问题持"存疑"态度。近代唯理论者一般都否认经验知识的可靠性和确定性，认为经验知识没有必然性和普遍性，不足以认识事物。康德承认经验来自"物自体"对感官的刺激，但把经验看成是一些杂乱无章的材料，必须经过先验统觉的综合作用

---

① 《西方哲学原著选读》上卷，商务印书馆 1981 年版。
② 《西方哲学原著选读》上卷，商务印书馆 1981 年版。

才能构成知识。现代实证主义者、经验批判主义者、实用主义者、逻辑经验主义者，分析哲学以及现象学哲学，它们在反对 19 世纪思辨形而上学的同时，力图重新奠定经验在哲学中的中心地位。但他们一般都强调经验的中性色彩，把经验视为"要素"、"所与"、"当下给予"等中立的东西，试图超越哲学基本问题和基本路线。

2001 年，荷兰特温特大学的汉斯·阿奇特休斯（Hans Achterhuis）教授在其出版的《美国技术哲学：经验转向》一书中指出，技术的发展已经深刻改变了的本质和人类的经历，受到了如马丁·海德格尔、汉斯·尤纳斯、雅克·埃吕尔等技术哲学思想家的关注。但是，他们对技术持一种批判和否定的态度而没有深入到技术内部进行分析和认识，这些"古典的"技术哲学家对技术的预见是不彻底和不完整的，"充其量是不彻底地预见了人类社会所面对的挑战"。① 所以，要从经验层次面向技术的社会现实，分析技术客体，打开技术黑箱，而不是对技术进行意识形态的预设。

二、技术认识何以可能？

值得注意的是迄今的技术哲学主要被关于技术的形而上分析（受海德格尔的影响）和对科学技术后果（对个人、社会）的批判性反思所主宰。特别是在这类研究中，现代技术本身基本上是被作为黑箱来看待的。从这个意义上说，这种技术哲学可以被称之为技术的外部哲学。在他们看来，如果技术哲学打算在当前有关技术的讨

---

① H. Achterhuis. American Philosophy of Technology: The Empirical Turn. Bloomington and Indianapolis: Indiana University Press. 2001: 2 – 8.

论中被认真对待的话，"技术哲学中的经验转向"（the empirical turn in philosophy of technology）就是一个必不可少的前提条件①。这意味着技术哲学应该以反映实际工程实践的经验上的适当描述作为其出发点。当然，他们并不是要把其首要的目标和探讨的焦点放在经验问题上，因为那将使技术哲学转变成一门经验科学；相反，他们将重点放在概念问题上，尤其是放在对基本概念和概念框架的澄清上，并据此对技术制品的设计和生产进行适当的经验描述，从而力图建立一种关于技术的内在的、经验上具有广泛解释力的哲学理论。

这项研究的确已经展示出了技术哲学研究的另一种思路。作为"技术研究小组"的一个重要成员，美国技术哲学家皮特新近开始公开对海德格尔、艾吕尔、温纳（L. Winner）等人的技术哲学提出批评②。他认为，作为一种意识形态，流行的技术哲学造成了对技术的认知价值的严重忽视。他明确论证了技术认识论研究的基础地位，并构建了一个初步的反思技术的认识论程序，即"决策 – 转换 – 评估"。这项研究已经开始对美国主流技术哲学界形成一定冲击。

所有这些研究都表明，对技术进行认识论的研究不仅是可能的，而且是现实的和十分必要的。当然，强调认识论问题的重要性，并不必然意味着否定价值论和本体论关切的正当性。正如皮特本人在评论米切姆的著作时指出的，"技术哲学如果真要引起工程师们的兴趣，就需要更多地反映他们的认识论关切。我希望看到关于这两个哲学领域（本体论/ 认识论）之间交互作用的更为充分的讨论"③。

---

① Kroes. P. et al. The Empirical Turn in the Philosophy of Tech nology（Research in Philosophy of Technology. Vol. 20 ［C］. Elsevier Science Ltd. . 2000.

② Pitt. J C. Thinking about Technology ：Foundations of the Philosophy of Technology ［M］. N. Y. ：Seven Bridges Press. 2000.

③ Pitt. J C. Book review（Thinking through Technology ：The Path between Engineering and Philoso-phy. Carl Mitcham. Chicago ：University of Chicago Press. 1994 ［J］. SPT newsletter. Volume 22. Number 3（Spring 1998）1.

三、如何理解经验转向？

理解一：一种经验性的、描述性的技术哲学。关于技术哲学的特性和范围争论的主要原因之一，是长期以来科学哲学较少关注科学和技术对人类作用的道德问题。从传统看，科学哲学采用的方法和研究的主题或多或少是技术哲学的一面镜子。克罗斯等人提出，一方面，技术哲学不应沿着科学哲学走过的道路把有道德的内容置于一旁，但也应看到，现代技术不仅提出了伦理问题，也提出了本体论、认识论、方法论的问题。为更好地理解现代技术的本性（比如，不仅与现代科学相比较，而且与技术的更早的形式相比），人们必须关注这些方面。这些问题并不仅仅从属于或依赖于规范性、评价性的问题，有时或许对研究那些问题有重大意义。这正是皮特在宣称"按'认知顺序'来说，认识论问题比社会批判具有逻辑的先在性"时所赞同的。米切姆以相似的风格论述道，更加强调与技术相关的基本的理论问题，可能会比直接参与到具体的伦理问题中去"更能促成对伦理问题的深刻反思"。但所涉及的无论是认识论的还是基本的理论问题，哲学的分析都应基于对技术的可信赖的经验描述。

另一种观点认为"经验转向"可能通过以下两种方式发生：一是"经验转向"意味着技术哲学应将关注的问题从道德转向非道德的、描述性特征（如认识论、本体论或方法论）的问题；二是经验转向可能发生在技术哲学采用的方法中，就此而言，它意味着这一领域应当对技术相关的问题采用一种更具描述性的方法而非一种规范性的方法。正是在这种意义上，可以将技术的经验转向理解为技术哲学从规范性的、评价性的内容转向经验性的、描述性的内容。

理解二：经验的技术哲学，而非哲学的技术哲学。人类的知识曾被奎因（W. V. O. Quine）想象为一种"只是沿着边缘与经验相抵触的人的构造"，与此相类似，"技术哲学的经验转向"也可被解释为把关于技术的哲学问题从结构的中心移向"四周都有经验守护"的结构边缘。支持这种观点的有荷兰学者 P·克罗斯等人。他们认为应当使技术哲学的分析基于经验材料，并远远高于现在已经达到的程度，从而保留其研究独特的哲学本性。技术哲学应当更多地关注工程科学和经验科学中研究技术所使用的基本的概念框架，关注与哲学研究相关的经验的思考和对技术的经验方面适合的描述中所使用的概念框架，这些描述认为技术是在工程实践中构想出来的并在我们的日常生活世界中发挥作用。

与上述理解不同的观点之一可称为"经验的技术哲学"。这种解释使技术哲学集中关注于事实本身，从而经验转向的结果可能会使技术哲学成为一种"经验的技术哲学"，其中经验证据的一个最基本的功能就是支持（证实或证伪）特定的观点。这样，技术哲学将与技术社会学或技术经济学等学科相类似，成为技术研究的一部分，失去它的"哲学的"特征而变成一种经验的学科。

理解三：一种以经验为根据的技术哲学。这种观点是克罗斯等人对技术哲学中"经验转向"的理解。这一观点明确指出："经验转向"并非仅指用更详细的经验案例研究来描述或支持现有的哲学观点或哲学分析，也不是把哲学的观点或结果应用于技术这样一个简单的事实。这种阐释意味着与技术相关的那类哲学问题都停留在了和经验科学相同的状态。这样，经验转向的惟一目的就是在技术的现实实践中为答案提供一个稳固的经验基础。克罗斯等人期望经验的转向会在众多的领域中导致问题的转向并使新的问题群出现，从而通过详细的经验的案例研究来审视技术，揭示它们本身所特有的哲学问题的新主题和新的概念框架。

不难看出克罗斯等人所倡导的经验转向有着具体的涵义：（1）经验转向并不意味着技术哲学要抛弃对技术的规范性与评价性问题，

相反，从转向的结果获得对技术的更好理解将有助于规范分析与评价；（2）技术哲学必须建立在对技术与工程实践的适当的经验描述的基础上；（3）经验转向并不仅仅对现有的哲学观点与理论提供论证，而是要打开一个全新的研究领域。①

在他们看来，技术哲学中的经验转向不应被理解为把这一哲学的分支学科转变为经验科学，也不是使它远离规范性内容，而是要求把关于技术及其效果的哲学分析建立在对技术的充分的经验描述之上。这并非说明它的最基本的关注点应当在经验问题，因为这样就把它变成了一门经验科学。它应当关注观念问题，尤其是关注在对技术各个方面作充分的经验描述时所使用的基本概念和概念框架的澄清问题。正如对详细的案例研究和科学史相关著作的更多关注已丰富了科学哲学的研究一样，技术哲学将从这种相似的变化中受益。

四、对经验转向的几点共识

近年来，"经验转向"已经成为技术哲学研究的一种范式转换，得到学界的认同。对于经验转向，大致有以下三种认识。

（一）经验转向是一场"运动"

技术哲学的经验转向是哲学家们试图超越研究海德格尔式的技术批判，而进行分析性的技术经验研究。真正提出"技术哲学的经验转向"研究纲领的是1998年在荷兰的代尔夫特大学举办的春季研讨班上，由埃德霍温理工大学的 P. 克罗斯和 A. 梅莱斯提出的，并且在他们的积极研究与进一步的引导下使之成为一种真正的经验转

① Peter Kroes. Introduction ［A］. The empirical turn in the philosophy of technology ［C］. Netherlands：Elsevier Science Ltd. 2000：xxxiii.

向运动。高亮华教授在《论技术哲学的经验转向》一文中把它称作是当代新一代的技术哲学家如伯格曼（A. Borgmann）、伊德（D. Ihde）、芬伯格（A. Feenberg）、温纳、皮特、米切姆以及克罗斯、梅耶思等人启动的一场"技术哲学中的经验转向"运动。在这场运动中，米切姆与皮特分别从不同的角度提出技术哲学转向的前提条件，然后是克罗斯等人就技术的性质与任务的论争，而提出是哲学家打开技术黑箱的时候了。这场运动的结果，是使得人文主义倾向的技术哲学家越来越注重对各种类型、各个层次人工系统、人物系统的内部结构、运行过程和价值形成机制的分析研究，然后以此为基础探讨各种不同类型技术系统的人文社会意义。"在这个过程中，一个最有意义的探索是出现了这样一种要求，即技术哲学家的研究兴趣从技术的后果转向技术本身。"[①] 20 世纪末期开始，不断地有相关的著作与文章涌现出来。最具有代表性的有《技术哲学研究中的新方向》（1995）、《美国技术哲学中的经验转向》（1999）、《技术哲学中的经验转向》（2000）等。

（二）经验转向强调研究方法的转变

技术哲学不仅在总体上研究技术现象和技术本质以及关注技术广阔的历史前途与它在社会整体发展中的地位，还要研究技术本身的内在发展。拉普认为，对于技术哲学的研究方法，可以分为两种，一种是"系统"的方法，另一种是"分析"的方法。通过对科学哲学与技术哲学的比较，拉普认为，"分析的科学哲学研究对科学理论的结构和科学解释的不同类型等问题提出了重要见解。"[②] 由于技术深深影响着人们的日常生活、社会变革和生态环境，所以对于技术

---

① 安维复：《从社会建构主义看科学哲学．技术哲学和社会哲学》，载《技术与哲学》，2004年第 1 期。
② ［德］F·拉普：《技术哲学导论》，刘武等译，辽宁出版社 1983 年版。

问题，如果撇开具体活动过程和社会背景对语句系统的事实内容和逻辑分析进行集中探讨的话，有可能造成对实际问题的过分简化。"不过，如果要把握技术活动的方法论和认识论的地位，这种分析是必不可少的。"①

对技术哲学的研究，米切姆提出了两种传统，分别是人文主义传统和工程与技术的分析研究传统。前者可以看作是"技术哲学"，后者可以看作是"技术的哲学"，这两种传统的对立泾渭分明，可谓是由来已久。但是，技术哲学发展到现在，"经验转向"的技术哲学家们认为，技术哲学应当从规范性的、评价性的内容转向经验性的、描述性的内容。"经验转向"也就意味着技术哲学应将关注的问题从道德转向非道德的、描述性特征（如认识论、本体论或方法论）的问题。这种看法，并不是要用分析的方法取代整体的研究方法，而是要将工程分析方法用于人文的传统，将二者结合起来，从而将技术哲学建立在一个可靠坚固的基础上。

（三）经验转向是一种新的研究纲领

由于现代技术的高度复杂性与多样化的特点，技术哲学的研究者们已经意识到仅从外部进行形而上学的分析是不够的，对于技术的哲学研究，还应该深入到技术的内部进行研究，从而打开技术的黑箱。拉普在其代表性著作《技术哲学导论》（1979）一书的序言中，就提出，"现代科学以及它们造成的世界面貌是如此复杂，单凭演绎而不看经验事实根本无法充分地说明它们。只有在分析了与哲学有关的历史发展特征和由经验提供的技术的总体特点之后，才有可能确立一种有坚实基础的形而上学解释。"② 这可谓是他的经验主

---

① ［德］F·拉普：《技术哲学导论》，刘武等译，辽宁出版社1983年版。
② ［德］F·拉普：《技术哲学导论》，刘武等译，辽宁出版社1983年版。

义技术哲学思想的集中体现，也可以看作是经验转向的开始。克罗斯等人根据技术人造物具有二元本性的研究，而提出技术哲学研究发生"经验转向"的理论。与传统的技术哲学的研究取向不同，此一转向使得"那些和技术与技术哲学相关的方法论的、认识论的、本体论的和伦理学的问题最终将成为被关注的对象。"① 在这一转向中，最为主要的是将技术认识论与方法论作为技术哲学的核心问题被提出。

第二节　技术认识论的经验转向

应该注意到，技术认识论的研究，已经日渐成为技术哲学的重要主题。西方技术哲学的经验转向，也为技术认识论的研究提供了一个较好的视域。与欧美当代技术哲学发展的经验转向一致，技术认识论研究也显现出明显的经验转向。在 P. 克罗斯和 A. 梅莱斯的积极研究与进一步的引导下，使得"那些和技术与技术哲学相关的方法论的、认识论的、本体论的和伦理学的问题最终将成为被关注的对象。"② 在这一转向中，最为主要的是将技术认识论与方法论作为技术哲学的核心问题被提出。

由一批哲学家、工程师和科学家组成一个跨学科的"技术研究小组"，美国技术哲学家皮特便是其中的一位，他们致力于探讨现代技术的哲学问题，包括技术的认识论问题。与欧美当代技术哲学发展的经验转向一致，技术认识论研究也显现出明显的经验转向。之

① Peter Kroes. Introduction ［A］. The empirical turn in the philosophy of technology ［C］. Netherlands：Elsevier Science Ltd . 2000：xv.

② Peter Kroes. Introduction ［A］. The empirical turn in the philosophy of technology ［C］. Netherlands：Elsevier Science Ltd . 2000：xv.

所以一致，基于以下几个原因：

一、技术哲学的经验转向适应了分析哲学研究纲领，而分析的技术哲学，又主要的体现在技术认识论与方法论领域。

分析哲学是英美的主要哲学传统，最为典型的分析哲学就是科学哲学。科学认识论与方法论是科学哲学中最为重要的主题。与科学哲学相比较，技术哲学的传统更加注重对技术的形而上学本质以及伦理道德的关注，技术认识论与方法论在传统的哲学视域中并没有得到很好的体现。而在当代技术哲学研究中，在认识论领域分析哲学的研究纲领得到新的运用，而出现了一种以分析哲学为基本手段的分析技术哲学，技术哲学的经验转向也由此应运而生。

分析技术哲学的主题集中于技术的认识论与方法论，在《技术科学的思维结构》一书的前言中，作者拉普明确地提到，"人们可以对现代技术特有的理论结构和具体的工艺方法进行方法论的乃至认识论的分析。这种研究，可以说属于分析的技术哲学。"① 而他也曾写过一本经典的著作《技术哲学导论》，其原名就是《分析的技术哲学》。在这一本书里，拉普首次引进了分析的方法，弥补了以往技术哲学理论中所缺乏的注重分析的哲学传统。他在分析技术活动的范围和模式的同时，给出了对当今社会极有价值的技术活动的方法论思想。作为技术认识论领域经验转向的主题，例如技术知识的性质，工程设计的性质，设计方法论，技术知识的发展以及技术与科学的关系等，也应成为分析技术哲学的主题。

二、技术哲学的经验转向体现在多个方面，其中认识论的经验转向是重要的领域之一。"技术哲学的经验转向"表现在技术哲学的各个领域即本体论、认识论、伦理学和社会政治理论等方面。

---

① ［德］F·拉普：《技术科学的思维结构》，刘武等译，吉林人民出版社 1998 年版。

（一）经验转向的本体论，主要关注于技术人造物的相关本体论问题，同时对工程设计中的对象和社会的人造物进行比较分析；（二）经验转向的认识论，关注对事物的客观存在性、工程设计中阐述对象和啮合过程的经验建构以及对设计中的错误的认识论分析；（三）经验转向的伦理学，主要关注于对工程伦理学中从职业的角色责任到公众的合作责任、工程设计和法律的对话及技术伦理中一种公正的转向等问题的分析；（四）经验转向的社会批判理论，指从事批判理论的学者告别了以往在技术批判中极端化的反乌托邦倾向，从社会和技术的相互关联中把握技术问题，试图寻找解决技术问题的方案。①

经验转向的研究纲领最先是由认识论领域发起，并且有着认识论的具体内涵。从研究内容上看，认识论的经验转向，强调对工程设计中的经验建构主要关注设计知识的本性和设计过程的认知结构问题。技术认识论主要倡导人之一皮特认为，"在认知的秩序上，技术的认识论问题具有对社会批判主义的逻辑优先性。"② 他将一般认识过程具体化为 MT 模式，即"决定－转换－评估"。克罗斯等人提出技术人工制品的二重性与技术知识的二重性。并指出，技术的结构和功能之间不存在必然的逻辑推理途径。③ 作为工具认识论的代表，贝尔德从新试验主义的立场出发，阐述了工具认识论的思想，指出科学家是在特定的历史条件下运用一定的工

---

① 朱春艳、陈凡：《欧美当代技术哲学的"经验转向"：内涵，依据和存在的问题》，载《东北大学学报（社会科学版）》，2005 年第 2 期。

② Pitt. J C. Thinking about Technology：Foundations of the Philosophy of Technology［M］. N. Y.. Seven Bridges Press. 2000. viii.

③ Peter Kroes. Technological Explanations：The Relation between Structure and Function of Technological Object.［J］Techne. Vol. 3. No. 3. 1998.

具即从一定的技术基础结构出发去观察和思考。① 文森蒂的工程认识论，是在对航空技术发展的出色分析的基础上，对经验转向的成功尝试。② 从研究的方向上看，技术认识论与技术哲学的经验转向是一致的，经验转向使技术认识论成为技术哲学研究的主要方向。比如，对技术人工物的研究，就是技术认识论经验转向最为直接的结果。

　　三、从研究方法上看，分析方法适宜于处理技术的认知维度并在一定程度上拒斥技术的价值论与意识形态的讨论。

　　对技术的划分，到目前为止，最成功的应该算是卡尔·米切姆从功能的角度提出的技术的四种方式：（一）作为对象的技术，包括装置、工具、机器等要素；（二）作为知识的技术，包括技能、规则、理论等要素；（三）作为过程的技术，包括发明、设计、制造、使用等要素；（四）作为意义的技术，包括意志、动机、需要、意向等要素。③ 相对于描述性的、说明性的科学知识而言，技术知识是指令性的或规定性的，是关于怎么做、实践的知识体系。技术知识还具有特定的意向性，总是出于某种目的，为了实现某种特定的功能。因此，与科学知识的"真理性"的规范不同，技术知识的规范则是"有效性"。除此以外，作为过程的技术，也有其自身的认知要求。皮特很早就指出技术哲学对于技术的认知价值的严重忽视。正是因为技术知识的认知特点本身，为技术的分析方法所选择。"技术作为知识的认知特点，为分析技术哲学作为技术哲学的研究纲领提供了

① Davis Baird. Organic Necessity: Thinking about Thinking about Technology. [J] Techne. Vol. 5. No. 2. 2000.

② W. G. Vincenti. What Engineers Know and How They Know it: Analytical studies from Aeronautical History [M]. Baltimore: Johns Hopkins University Press. 1990.

③ Carl Mitcham: Type of Technology. in P. T. Durbin (ed): Research in Philosophy & Technology (Vol. 1. 1978): 229 – 294.

最基本的正当性。"①

　　分析的技术哲学，为技术知识的认知程序的逻辑优先性提供保证。在 Clive L. Dim 和 Philip Bray 合作的《工程设计语言：表现客体的经验构造与表达过程》一文中，关于设计知识的本性与设计过程的认知结构，他们首先分析设计活动中客观表达的媒介或语言的性质与作用，并指出能从人类大脑的外部被表现的表达形式。他们仔细研究了最先进的系统之一的被称为"PRIDE"的系统，并在这个系统的帮助下，探索了通过专家系统的自动设计的可能性与局限性。②

　　另外，分析方法在一定程度上拒斥技术的价值论与意识形态的讨论。皮特具有煽动性的文章《设计错误：哈勃空间望远镜的例子》中论述到，技术哲学必须始于事实而非意识形态（技术的社会批判）或形而上学。诚然，事实不可能为他们辩护而总是理论负荷的，但这恰恰强调了发展技术的经验阐述作评估的标准的重要性。这一标准必须考虑到我们的技术知识受到方法的、假设的以及我们或其他人带到调查中来的价值观的限制，一旦我们能够评价理论在经验上的充分性，我们就能揭露他们的意识形态的基础。③

① 高亮华：《分析哲学视域中的技术——分析技术哲学及其批判》，见陈凡主编：《技术与哲学研究》第 1 卷，辽宁人民出版社 2004 年版。

② Clive L. Dim and Philip Bray. Languages For Engineering Design：Empirical Constructs For Representing Objects And Articulating Processes ［A］. The empirical turn in the philosophy of technology ［C］. Netherlands ：Elsevier Science Ltd. 2000；119 –148.

③ Joseph C. Pitt. Design Mistakes：The Case Of The Hubble Space Telescope ［A］. The empirical turn in the philosophy of technology ［C］. Netherlands：Elsevier Science Ltd. 2000：149 –163.